EXOTIQUE HOUSE

오래된 집의 탐미

1판 1쇄 발행 2025년 3월 17일

지은이　　　 김서윤

펴낸곳　　　 책과이음
대표전화　　 0505-099-0411
팩스　　　　 0505-099-0826
이메일　　　 bookconnector@naver.com
출판등록　　 2018년 1월 11일 제395-2018-000010호

홈페이지　　 https://bookconnector.modoo.at/
페이스북　　 /bookconnector
블로그　　　 /bookconnector
유튜브　　　 @bookconnector
인스타그램　 @book_connector

ISBN 979-11-90365-76-5 03540

책과이음 : 책과 사람을 잇습니다!

EXOTIQUE HOUSE

오래된 집의 탐미

빈티지 공간 디렉터의
예술이 스민 단독주택 리모델링

| 김서윤 지음 |

책과이음

과감한 용기 또는
섣부른 무모함에 대하여

서울 아차산 자락, 대지 33평의 1979년식 작은 단독주택을 매입했다. 이곳에서 나는 내 삶을 단단하게 지탱해주고 나의 가치관과 미학을 담은, 오롯이 내가 좋아하는 것들로만 채워진 사적이고도 공적인 공간을 만들어가려 한다. 켜켜이 쌓인 세월의 더께만큼 손볼 곳투성이인 남루하게 낡아버린 집에 비해 예산은 대책 없이 부족하다. 그래도 본업인 공간 디렉터의 노하우를 적극 활용하여 어디에도 없는 독특하고 유일한 공간을 만들기 위해 무모하게, 아니 용기 있게 선택했다.

공간을 리모델링하는 이 과정이 아마도 '나'를 더 잘 알아가는 심리적 치유의 시간이 될 것이라 기대했다. 보편적이지 않은 삶의 궤적을 그려온 방황 많던 나 스스로와 화해하는 과정이며, 더 나이 들기 전에 '나다운 삶'을 공고히 구축하는 리

추얼이 될 것도 같았다. 어쩌면 앞으로 수천 번, 아니 수만 번도 더 겪게 될 위기와 시행착오의 아찔한 상황을 어떻게든 타개해가며 얻은 통찰도 누군가에게 도움이 될 수 있지 않을까 싶은 가치 있는 소망도 품었다. 그렇게 작고 오래된 단독주택을 고치며 내 오랜 삶도 리모델링해나가는 경이로운 여정을 떠날 준비를 했다.

이 오래된 집은 완만하게 경사진 골목 지면에서 몇 계단 아래 위치한 반지하와 지상으로 살짝 몇 계단 더 무대 단상처럼 들어 올려진 1층, 그리고 일찌감치 고장 난 전기로 효용을 상실해버린 박공지붕 아래 좁은 다락방으로 구성되어 있었다. 이젠 흔하게 볼 수 없는 70년대의 전형적인 주택 외관을 눈에 담고 겨울철 결로로 한층 더 냉랭해진 알루미늄 현관문을 삐걱이며 낯선 과거로 들어섰다. 반듯한 정사각 타일처럼 규칙적인 무늬가 돋을새김되어 있는 오목 장식형 나무 천장, 몬드리안의 기하학 추상 같은 벽 매립형 나무 책장, 번들거리는 니스칠을 머금고 나란히 직렬 배열되어 있는 나무 문짝들. 우리나라 인테리어 역사의 한 단면을 풍미했던 짙은 체리색 목재로 가득한 실내는 또 한 번 과거로부터 회귀한 생경하면서도 낯익은 풍경을 펼쳐냈다. 여전히 레트로는 트렌디한 키워드였기에 언뜻 처음 눈에 띈 이 고색한 체리색 나무 문양은 고루하다기보다 오히려 신선한 매력으로 다가오기도 했다. 화학 성분 비닐이 수축하며 뒤틀린 것처럼 표면이 거칠게 일어나고 조각조각 나뭇결이 갈라진 상태라는 걸 확인하기 전까지는 말이다.

아담한 집 평수에 비해서도 유난히 작은 주방과 그 주방을 통과해야만 닿을 수 있는 더 작은 쪽방. 그곳에는 무언가에 쫓

기며 황급히 삶의 터전을 떠난 어떤 가족의 순간이 떠오를 만큼 어수선한 기류가 감돌고 있었다. 두 공간을 애써 분할하는 조악한 합판 위로 여기저기 찢긴 벽지와 반쯤 부서져 대롱이며 매달린 싱크대 하부장 속 새까맣게 썩어든 자국들은 누군가 미련 없이 버린 것을 어수룩하게 돈까지 주고 산 건 아닌가 싶은 난감함을 안겼다.

욕실의 시각적 충격은 더 강렬했다. 길고 좁은, 아니 긴데 좁은, 아니 기이하게 '길……다'라는 인상이 지배적인 욕실의 모습은 살짝 으스스한 분위기마저 자아냈다. 유쾌하지 않은 상상의 소리와 내 코를 사정없이 괴롭히는 착각의 냄새가 비현실적으로 뒤섞여 한층 더 음산해진 빛바랜 옥색 타일 틈새로 위태롭게 걸린 거울 속에는 당장이라도 울어버릴 듯한 당혹스러운 표정의 내가 비쳤다.

50여 년에 달하는 기나긴 세월 동안 제대로 손길 한번 닿지 않은 오래된 질감으로 건물 곳곳 퇴색한 시대의 건축 디테일을 마치 유적처럼 찾아볼 수 있는 곳. 과거 이곳에 살았던 숱한 이들의 흔적이 떠나고 오직 '집'만이 남아 비어 있는 공간을 둘러보며 예상보다 더한 노후도와 초라함에 압도당해 솔직히 도망가고 싶은 마음만 일었다. 어쩌면 삶마저 리모델링하겠다는 머릿속 가득한 내 망상으로부터도. 적어도 그 순간 한시라도 빨리 도망쳐야 했던 건 아니었을까.

언젠가 숨 막히는 작업의 무게로부터 잃어버린 영감을 찾아 도망치듯 스며든 이국의 풍경이 하나 있다. 연무가 얕게 드리워진 구릉 위, 은빛을 머금은 사이프러스 나무가 시詩적 서정으로 반짝이던 아레초에서 시인 페트라르카와 피에로 델라 프란체스카의 프레스코화를 만나고, 유서 깊은 중세 와인 마을 몬테풀치아노로 향하던 길이었다. 르네상스 예술의 지적인 균형미는 점차 에트루리아의 투박한 테라코타 빛과 함께 점점 더 신비로운 먼 고대의 미장센으로 바뀌어갔다.

"저기 저 도시가 코르토나예요. 영화 〈투스카니의 태양〉 속 브라마솔레가 있는 곳이죠."

브라마솔레, 태양을 갈망하는 집. 이렇게 찬연한 태양 아래 더 이상 갈망할 태양이 어디에 있다고. 저 지중해 태양이 뿜어내는 마술적 성정에 감각이 마비되어 약간은 건조하게 읊조리며 끝도 없이 펼쳐진 올리브나무를, 강인한 생명력으로 뒤틀린 포도나무를 스쳐 간 듯도 싶다. 하지만 나는 '갈망'이라는 단어에 담긴 주인공 프랜시스의 막막했던 상황과 간절한 소원을 잘 알고 있었다. 다만 여행지의 행복감에 도취되어 어쩔 줄 모르던 나에게 더 깊은 공감까지 기대하기엔 현실감 없는 차창 밖 풍경보다 더 몽상적인 타인의 이야기로 느껴졌을 뿐.

그렇게 토스카나의 역사와 예술을 기억에 새긴 순간부터 10년이나 흐른 지금, 뿌연 욕실 거울에 비친 내 어지러운 시야 위로 하자투성이 오래된 집을 둘러보던 그녀의 불안한 눈빛이 선명하게 겹치고 있었다. 이별과 상실, 황망히 들이닥친 불행을 간직한 채 떠난 여행길. 알 수 없는 신념에 홀리듯 구매한 집은 긴 세월만큼이나 낡은 내부 천장과 고장 난 수도꼭지, 그리고 날아다니는 새와 함께 폭풍우 치던 거친 밤을 보내야 하는 공포와 두려움의 대상이기도 했다. 음습함을 버리고 새로운 태양을 갈망하는 우리 둘의 집, 그리고 이전과는 다른 깊이의 행복을 갈망하는 우리. 그 '우리'라는 단어가 내 긴장한 마음을

오래된 집의 탐미

다사롭게 다독여주었다.

가끔씩 이런 이유로 옛 여행의 단편을 들춰내 그 시절 속에서 한참이나 서성인다. 과거 별 감화 없이 지나쳤던 객관적인 풍경이 지금의 주관적인 상황으로 재해석되어 뒤늦은 감동의 파문을 만드므로. 시공을 초월하여 과거의 나를 다시 만난 기분은 묘한 슬픔의 정서를 일으킨다. 부서질 듯 불안정하게 흔들렸지만 행복했던 시절. 그 잠깐의 과거에서 깨어나면 나의 이 처참한 새로운 집이 있었다. 계약 전엔 분명히 이 정도까지는 아니었는데, 매매 도장을 찍자마자 눈에 안 보이던 것들이 들어오고 마음에 걸리기 시작했다. 마치 이대로 살아가도 그냥저냥 행복할 줄 알았던 삶에 미세한 균열이 일어올 때처럼.

결국 흔들리는 믿음을 붙들고 불안감을 떨쳐내며 지극한 정성으로 가꾼 브라마솔레는 프랜시스에게 막연히 망상이라 여겨지던 소원들을 모두 이뤄주는 연결 통로가 되어주었다. 이곳 아차산 자락에서 나도 내 인생의 전환점을 맞이하고 오랜 시간 꿈꿔온 행복한 일상을 만날 수 있을까? 이 또한 한낱 망상일지라도, 아니 나는 내 망상을 사랑하기로 했다.

"일과 결혼했어요!"라고 고고하게 이야기할 수 있을 만큼의 커리어도 없고 돈도 없었다. 유일하다시피 한 재산인 신사동 가로수길 오래된 빌라를 팔고 은행과의 채무 관계를 정리하며 남은 돈으로 새로운 터전을 찾았다. 삶을 전복하겠다는 긴 세월 품어온 장엄한 환상과 기대에 부합하지 못하는 빈약한 예산. 어쩔 수 없이 서울에 이런 곳이 있었나 싶은 오래되고 낯선 변두리만 두리번거리기 시작했다. 그런 곳을 둘러보고 신사동 집으로 돌아오는 길엔 맥락 없이 바뀌던 주변 풍경이 너무도 대조적이어서 스스로의 결단에 의구심을 품기 일쑤였다. 정말 괜찮은 거지? 사실 리모델링 공사 기간의 임시 거주처인 빛 하나 들어오지 않는 지층 원룸으로 이사를 하고도, 한창 공사를 진행해가면서도 의구심은 완벽히 사라지지 않았다. 정말 괜찮은 거지? 정말이야?

이 집을 매입하던 시점은 모든 아파트값이 비약적인 정점을 찍은 후 하향 곡선을 그리기 바로 직전, 앞으로도 무조건 오를 거라는 부동산 신앙의 마지막 단계였다. 어떤 이들은 갑자기 거머쥔 부에 들떠했고, 또 다른 이들은 상대적 박탈감에 초조해했다. 아파트에 살고 싶었던 적이 단 한 번도 없는 나마저도 당시 가격 폭등을 보고 아차 싶어 괜스레 속이 상할 정도였으니. 이제라도 정신 차리고 아파트에 입성해야 하는 게 아니겠냐며 뒷북도 쳐보았지만, 범접할 수 없는, 아니 이해되지 않는 매매가에 늦어도 너무 늦어버린 뒤라는 걸 알고 씁쓸해했다. 언제나처럼 뒤늦게.

내가 할 수 있는 건 집에 대한 나의 철학을 더욱 공고히 다져 이리저리 휘둘리지 않는 일, 내가 원하는 삶의 공간은 아파트처럼 정형화된 곳이 아니라는 사실을 잊지 않는 일뿐이었다. 집의 구조는 그 안에 사는 사람의 생활 방식과 일상에 자연스럽게 영향을 미친다. 자신과 공명할 수 있는 윤택한 집을 가꾸며 살려면 조금은 더 자유로운 형태의 집을 선택할 수 있어야 한다. 장소의 변화는 차이를 낳고 삶의 지평을 넓혀준다. 그러니 더 이상 무의미한 이야기는 하지 않는 걸로 하자. 그런데, 그런데도, 그럼에도 불구하고 오래전 단독주택에 살고 싶다는 내게 현실감으로 무장했던 누군가가 던진 충고, "아파트를 팔

오래된 집의 탐미

아서 단독을 사는 거야"라던 그 말이 자꾸만 튀어 올라 신경을 거슬리게 했다. 그러려나. 그때 빌라 대신 아파트를 샀더라면 지금쯤 많은 것이 달라져 있으려나. 지금이라도 변두리 낡은 단독주택이 아닌 아파트를 산다면 다음번 나의 집은 더 그럴듯한 면모를 지니게 되려나.

누가 알겠는가. 애써 선택하지 않은 과거에 대한 아쉽고 허탈한 감정은 묵직하게 삼켜두고 지금은 내 유일한 욕망의 소리에만 귀 기울여보기로 했다. '집은 이래야 한다'라는 고정관념이나 유행하는 인테리어의 강박에서 벗어나 자신만의 취향으로 집에 대한 새로운 상상력을 발휘해볼 수는 없는 걸까? '다들 그렇게 산다'라는 일반적인 삶의 방식 대신 각자가 행복한 대로 선택하고 남과 비교 없이 당당하게 살아갈 수는 없는 걸까? 결국 우리에게 좋은 집이란 어떤 모습일까? 이 질문들은 도식적인 매너리즘에 갇혀 영원히 잃어버릴 뻔한 내 미래의 집을 되살려준 근본적인 계기가 되었다. 그리고 나는 분명 한 번쯤 무모한 용기라도 내어 삶의 강렬한 변곡점을 맞이할 필요가 있었다. 어쩌면 내가 진정으로 갈구하는 건 건성으로만 읊조리던 안정적인 삶이 아닌 예술가의 광기일지도 모르겠다. 저지를 수 있는 무모, 기꺼이 결과를 감내하겠다는 용기, 나아가 그것에서 얻어질 진정한 자유.

'하고 싶다'와 '했다' 사이를 여여히 반복할 수 있는 나의 삶을 응원하려 한다.

CONTENTS

PART 1

*

무모한 결심

*

EXOTIQUE HOUSE

나를 환영하는 공간에 대한 환상

항상 나만의 공간에 대한 갈증이 있었다. 그러나 여동생과 함께 오랜 시간을 한집에서 살아왔기에, 나중에 결혼하면 '그때'라며, 꾹꾹 봉인해놓은 채 애써 현실 회피적인 입장으로 일관했다. 그렇게 공간을 꾸미고 싶어 안달이면 일로 하면 되지 않아? 때때로 남들보다 더 시니컬하게 스스로를 채근하기도 했다. 참 유난스럽다, 너.

그러다 동생이 결혼하고 나의 집에 혼자 살기 시작하면서 선명하게 알게 되었다. 오롯한 나만의 공간을 내가 좋아하는 것들로 채운다는 행위에 깃든 정서적 풍족함이 얼마나 큰지. 그건 머릿속 논리적 상상력으론 도저히 닿을 수 없는 한계 너머에 실존하는 감정이었다. 주광색의 쨍한 형광등 대신 새틴 황동 광택이 은은한 샹들리에를 달고, 언제나 가지고 싶었던 욕조를 오렌지 껍질의 달콤쌉싸름한 거품으로 물들이며, 벼룩시장에서 달뜨게 건져 올린 세브르풍 화기에 꽂은 유칼립투스를 센터피스 삼아 잠깐의 취기에 머무르는 일. 타인의 취향에 구애받지 않고, 어딘지 모르게 고독하지만 동시에 은은한 온기로 채워지는 사적 공간에서의 모든 순간은 페르소나를 벗어던진 나를 마주하는 무기교의 시간이었다. 내가 소유한 사물들이 빚어내는 사소하지만 기분 좋게 반복되는 일상의 사려 깊은 풍광은 이 집 자체가 나란 사람으로 느껴질 만큼 친밀한 유대를 형성해갔다.

게다가 나에게는 매일 이런 촉각적이고 시각적인 기쁨과 더불어 살아가면서 보다 창의적인 공간을 만들어가기 위한 작업실이 필요했다. 백화점 같은 대형 상업 시설에 테마가 있는 공간을 연출하거나 브랜드의 철학이 깃든 오프라인 쇼룸을 만드는 내게, 마음껏 서성이며 영감을 받고 다양한 아이디어를 떠올리며 침잠할 수 있는 공간은 중요했다. 무엇보다 생활과 일을 한 공간에서 영위한다는 건 비용 면에서도, 별다른 시간을 들이지 않고 작업에 즉시 접근할 수 있다는 효용성 면에서도 나를 사로잡았다.

처음으로 가져본 내 명의의 첫 집이자 진정한 싱글 라이프의 서곡이었던 신사동 가로수길 빌라 '레벤즈 하우스'는 이런 환상의 단초가 마련된 곳이었다. 이곳으로 이사 오기 전까지 나는 도보로 불과 삼 분 정도 떨어진 지척에서 여동생 그리고 팡팡이와 함께 긴 세월을 살았다. 여동생이 결혼을 하고, 팡팡이가 무지개다리를 건너고, 나 혼자만 추억이 밀도 있게 축적된 가로수길을 떠나지 못한 채 덜컥 1993년식 3룸 빌라를

　　　　　　　　　　　오래된 집의 탐미

구입했다. 아파트를 사야지 그 돈으로 빌라를 사느냐는 주변의 어이없어하는 반응이 이어졌다. 그러나 경기도 신도시나 구도심의 아파트보다 교통 편하고 인프라 좋은 신사동 구옥 빌라에 살겠다던 내 완고한 의지는 지금 돌이켜봐도 여전히 합리적인 고집처럼 느껴진다. 이 정도 낡은 내부쯤이야 고치면 그만이다. 사무실에서, 때로는 찜질방에서 4개월간 노마드 생활을 하며 노란 장판과 누런 벽지, 싱크대며 문이며 창호까지, 집 안의 모든 허름한 요소를 걷어냈다. 내 공간 작업의 화두인 '빈티지'라는 미감을 예산이 허락하는 한 마음껏 시도해보았다. 집인 듯 카페인 듯, 일하듯 놀이하듯.

나를 표현할 수 있는 집과 나에게 영감을 주는 집. 집이란 장소이기도 하지만 동시에 어떤 마음가짐이기도 하다. 그리고 그 집이 지난 세월 내가 작업하며 다듬어온 나름의 공간미학을 종합하는 포트폴리오가 된다면 또 얼마나 근사할까. 자기 전문성을 공고히 하면서도 성장과 자기실현의 수단이 될 수 있는 집. 화려하게 피어났다 흔적도 없이 사라지는 공간이 아닌 오랜 시간 '내 것'이라고 말할 수 있는 집. 이렇게 작게나마 가져본 가로수길 빌라에서 점화된 '나를 환영幻影하는 공간'에 대한 열망은 한 단계 더 도약했고, 나의 일이 상업 공간을 넘어 주거 공간까지 외연을 확장하길 바라며 그에 어울릴 법한 곳을 찾아다녔다.

내 명의의 두 번째 집이 갖추어야 할 조건은 나란 사람처럼 퍽이나 까다로웠다. 작은 마당이 있는 단독주택일 것, 주차 공간이 있을 것, 리모델링 전후가 드라마틱하게 바뀔 만한 형태일 것, 문화 예술을 향유할 인프라가 가까울 것. 하지만 그 까다로움이 무색하게도, 금전적인 이유 하나만으로 조급함에 이끌려 어이없을 만큼 현실과 흔쾌히 타협했다. 당장 계약하지 않으면 다른 사람에게 팔려버릴 것 같은 뻔한 조급함 말이다.

그렇다. 바로 그 이유 하나만으로 마당이라 불릴 만큼의 공간은 없지만, 지하철역에서 십 분쯤은 거뜬히 걸어야 하지만, 동네에 벽화가 그려져 있을 만큼 조금은 낙후된 곳이라고 인정할 수밖에 없지만, 여름이면 진짜로 사람들이 들어가 물놀이를 하는 진귀한 풍경이 펼쳐진다는 서울 광진구 아차산 긴고랑 계곡 바로 아랫동네에 자리한 대지 33평의 작고 오래된 단독주택을 매입했다. 난생처음 와본 동네에 있는 집을 그저 단 두 번 보고 덜컥 계약해버릴 만큼 그 시절 나는 무모하거나 혹은 몹시도 절박한 심정이었다.

반쯤 스스로의 최면에 걸린 상태로 매매 도장을 찍던 그 순간부터 하나의 계절이 바뀌고 또 바뀌고 또다시 바뀌고, 결국은 돌고 돌아 다시 같은 계절로 회귀하는 꽤나 긴 시간 동안, 나는 이 집에 수동적으로 저당 잡힌 듯 보였다. 온갖 호모 루덴스(놀이하는 인간)적인 삶과 호모 비아토르(여행하는 인간)적인 삶은 이 집에 잠식당한 채 그저 '뭔가'를 이뤄야 한다는 무거운 명제만이 내 육체와 정신을 냉정하게 압박했다. 이건 지나친 기대를 품었던 스스로에게 가하는 일종의 고문과도 같았기에 종종 나는 이 집을 처음 만나던 그 의혹의 원점으로 되돌아가고 싶어 했다.

처음 보았을 때 '딱 이 집이야!'라는 인상은 결코 들지 않았다. 아마도 마당이 없기에 더 그랬을 거다. 부암동에서 본 주홍빛 감나무의 풍요로움도 서촌 한옥에 은밀히 숨겨진 미음 자

오래된 집의 탐미

중정의 소담스러운 운치도 없었다. 예산이 부족해 끝내 가지지 못한 탐나는 것들에 비해 내가 소유할 수 있는 집은 한참이나 초라해 보였다. 돈이 해결하지 못한 아쉬움을 내 몸뚱어리와 영혼으로 보완하기 전까지는 분명 그럴 터였다. 심지어 담장도 대문 비스무리한 것도 없이 덩그러니 도로변에 바짝 붙은 회색빛 건물 하나가 전부였다. 우측에서, 좌측에서, 전면에서 이리저리 관점을 달리하며 그럴듯한 세월의 관록을 발견하려 애써 보았지만 어린 시절 후미진 동네 어귀에 있던 피아노 교습소만 떠오를 뿐이었다. 처음에 제시한 매매가가 상대적으로 너무 낮아서 잠시 혹하기는 했지만 알고 보니 실상 건물주는 훨씬 더 많은 금액을 타협 없이 원했다.

그럼에도, 그 모든 상황에도, 지금 돌이켜 생각해보면 나는 설득당하고 싶었던 거다. 내게는 그런 시절이었다. 적지 않은 과년한 나이였지만 혼자 이 모든 걸 선택하고 감당하기가 힘에 부쳐 사실은 한껏 움츠려 있던 시절. 크게 실수하는 건 아닐까? 정말 그런 걸까 봐 겁이 나서 자꾸만 그 생각을 묻어두고 외면하려 했다. 에잇, 그냥 확 아무거나 선택해버리자!

이런 개연성 없는 생존 본능으로 스스로를 설득하고 나면 잠깐이나마 평화로움에 안도할 수 있었다. 눈을 감고 반쯤 망각하고 나면 슬픔 없이 바라보기가 힘들었던 웅어리지는 현실도 밝게 진동하는 색채의 수면 아래로 서서히 잠겨가는 듯한 기분이 들었다. 젊은 날의 죽음이라는 비극적인 소재를 더없이 관능적인 자태로 그려낸 존 에버렛 밀레이의 〈오필리아〉처럼 이율배반적인 측면이 있었지만, 나는 오필리아를 죽음으로 끌어당긴 그 강물 또한 그녀의 슬픔을 보드랍게 달래주었을 거라

존 에버렛 밀레이John Everett Millais, 〈오필리아Ophelia〉(Photo by Sailko)
1851~1852년, 캔버스에 오일, 76.2×111.8cm, 런던 테이트 브리튼 소장

상상했다.

셰익스피어의 희극 〈햄릿〉 4막 7장에 나오는 오필리아의 죽음은 문학사를 통틀어 가장 낭만적으로 묘사된 죽음의 한 장면일 것이다. 오필리아는 순수한 마음으로 약혼자 햄릿을 사랑했지만 그는 숙부와 재혼한 어머니에 대한 배신감으로 여성 혐오에 빠져 오필리아를 정신적으로 학대했다. 여기에 햄릿이 실수로 그녀의 아버지까지 죽이자 오필리아는 결국 미쳐버리고 만다. 속물적인 아버지, 욕망덩어리 왕, 권력과 쾌락의 유혹에 약한 여왕, 냉소적인 애인……. 자신이 사랑했던 사람들이 몰고 간 잔인한 죽음이었다.

아치형의 장식적인 화폭 안에는 꽃을 따다가 강물에 빠진 오필리아가 이제 막 피어난 한 송이 은빛 수련처럼 청초하게 차가운 죽음의 강물에 흘러가고 있다. 물 위로 셰익스피어가 오필리아의 화관에 묘사한 수십 종의 야생화와 식물이 세밀하고 사실적으로 표현되었는데 '꽃의 언어'에 대한 빅토리아 시대의 관심을 고스란히 반영하듯 각각의 꽃에는 고유의 상징적 의미가 담겨 있다. 버드나무는 '버림받은 사랑', 데이지는 '순수', 장미는 '젊음', 제비꽃은 '충절', 팬지는 '허무한 사랑'. 단 하나 '잠'과 '죽음'을 상징하는 붉은색 양귀비꽃만은 〈햄릿〉에 언급되지 않았는데도 밀레이는 양귀비의 붉은색을 화폭 가운데 새겨놓았다. 훗날 이 작품의 모델인 엘리자베스 시달이 아편 중독으로 허망한 죽음을 맞이하는 것을 예견이라도 하듯 강렬하지만 서글프게.

청초한 서정적 죽음. 하지만 자유의지의 서사적 죽음. 감당할 수 없는 슬픔에 미쳐 자신의 죽음조차 인식하지 못한 채 강물에 빠져서도 꽃을 쥐고 노래를 부르는 오필리아! 남들에게 보여주기식의 행복이 아닌 나다운 행복을 위해서라며 기어코 낸 내 용기가 왠지 무모함의 다른 이름이 아닐까 하는 막연한 두려움에 혼란스러웠다. 앞으로 다가올 고통도 모르고 순진한 단꿈을 꾸고 있는 것은 아닐까? 차라리 그림 속 오필리아처럼 미친 거라면 나는 내가 끝까지 이 현실을 왜곡하길 원했다. 반쯤 벌린 입술과 몽롱한 눈빛으로 그렇게 아무렇게나 현실을 견뎌낼 수도 있을 거였다.

다시 한 번 그림을 천천히 관조한다.

자신의 위험을 인식조차 하지 못한 사람처럼, 아니 자신의 고통을 감당할 수 없어 애써 외면한 사람처럼, 아니 마치 원래부터 물속에 태어나고 살던 생물인 것처럼 자연스레 노래를 부르며 천천히 떠내려가는 오필리아. 사방에서 뿜어대는 꽃덤불의 향내와 손끝에서 촉촉하게 젖어드는 수풀의 촉감마저 느껴질 만큼 정밀한 묘사. 그 덕에 죽음을 목전에 둔 그녀가 오히려 자연의 품에서 위로받고 있는 듯한(어쩌면 죽음을 초월한 듯한) 기이한 평온마저 감돈다. 애인의 배신에 미친 나머지 익사하고 마는 여인의 비극 아래 감춰진 메시지는 오히려 운명을 담담하게 받아들일 줄 아는 구도求道의 태도일지 모른다는 생각도 든다. 터무니없는 억측이라도 상관없다. 어차피 이제 나도 삶의 변화를 위한 물살에 내 몸을 던졌으니까. 결국 어디로든 흘러갈 물살, 그 끝에 기어이 닿아보자.

　　　　　　　　　　　　　　　오래된 집의 탐미

쓰디쓴 연애와 달콤한 이별

"오직 주님만이 내가 당신을

얼마나 사랑했는지 알 것이오."

—《콜레라 시대의 사랑》

언제부터였을까. 입버릇처럼 "오래된 단독주택을 사서 리모델링할 거야"라는 말을 꿈꾸듯 남발하기 시작했던 게. 그런 꿈을 좇아 서울과 경기도의 집들을 여기저기 헤집고 다니기 시작했던 때가 도대체 언제부터였을까.

몇 해 전 가로수길에 1993년식 구옥 빌라를 매입하고 내 명의의 첫 집을 직접 리모델링하며 다소 기분 좋은 자신감이 넘치던 시절, 다음번은 단독주택이었으면 좋겠다는 막연한 기대감을 품었다. 비주류 주택 성향의 내게 무언가 집의 물리적 형태에 대한 이상이 있다면 작은 마당이 딸린 햇살 쏟아지는 단독주택에 사는 것이었다. 그게 어렵다면 넓은 테라스나 루프톱이 있는 곳이면 더없이 근사하겠다고, 현실감보다는 낭만이라는 추상적인 단어에 방점을 두었다.

백화점 야외에 봄이면 총천연 야생화의 자유분방한 생동감을, 여름이면 목수국과 야자수의 트로피컬 청량감을, 가을이면 팜파스와 낙엽의 고즈넉한 상념을, 겨울이면 온통 하얗게 내려앉은 크리스마스의 황홀을 플랜테리어 작업으로 시각화해왔듯, 나의 집 정원에도 계절의 풍류를 담아 공유하고 싶었다. 나만이 음미할 수 있는 집 내부 인테리어뿐 아니라 집 외부마저 활력 있게 단장하는 일은 이웃과 더불어 살고자 하는 내 삶의 태도이기도 하다.

결국 나의 정원은 바깥에서 관조하는 아름다운 대상을 넘어 건강한 삶을 위한 또 하나의 상징이 된다. 남향인데도 다닥다닥 붙은 건물 군락 속 1.5층이라 채광이 깊이 들지 않고 늘 조금은 어둑하고 폐쇄적인 분위기의 빌라가 아쉽기도 하다 보니, 이제야 비로소 그 꿈을 실현할 때가 찾아온 기분이었다.

이럴 때쯤 언제나 삶을 찾아오는 상투적인 거짓말처럼 (내게는) 운명 같던 한 건축가를 만났다. 불행의 단초는 여기저기 숱하게 널려 발에 차였지만 내 발은 이미 허공에서 둥실거렸고 내 마음을 멈칫 없이 내어준 뒤였을 거다. 소설《콜레라 시대의 사랑》속 남자 주인공 플로렌티노 아리사처럼 순애보를 표방한 자기기만적 사랑이었지만 기꺼이 스스로 그 끝을 냈을 만큼 난 지고지순하지는 않았다. 그게 이 비극을 종식시킨 내가 지닌 유일하게 유용한 태도였다.

가르시아 마르케스의 이 소설을 들고 태국의 섬 꼬창으로 떠난 적이 있다. 보름 내내 매일 같은 식당에서 비슷한 시간에 혼자 책을 읽으며 온갖 카레류의 태국 음식을 먹고 창Chang을 마셨다. 내가 더 이상 오지 않았을 때 그들은 나를 궁금해했을까? 이 시절 내가 사랑은 했던가? 정확한 기억은 없지만 이 책 속 사랑이 내 옛사랑을 닮았다는 생각을 하며 휴양지의 나른한 한때에 상실된 과거를 불러들였다. 내 사랑들은 내가 만든 환상 속에서 제멋대로 영광스럽기도 비참하기도 한 대상이었기에, 대과거의 사랑도 과거완료의 사랑도 현재완료의 사랑도 비슷비슷해서 자주 뒤엉키며 나를 헷갈리게 한다. 나는 비교적 사랑에 서툰 사람이었다.

소설 속 페르미나를 기다리며 반세기를 보내게 한 사랑은 자신이 이상화한 이미지에 불과했고, 결국 그들의 여행은 비극으로 끝맺었다(물론 이 소설의 결말에 대한 해석은 분분하지만). 그와 비슷하게 나는 지독한 나르시시즘 성향의 옹색한 남자를, 유럽에서 막 날아왔다는 이유만으로 예술적인데 지적이기까지한, 한국에선 더 이상 찾아볼 수 없는 완벽한 사십 대 싱글로치환하고 추앙했다. 역사와 예술을 사랑하는 내게 고색창연한 유럽만큼 동경해 마지않을 곳이 있을까. 이십 대 후반, 일찌감치 사업을 시작하며 비교적 안정적인 흐름 속에 서른을 맞이했다. 당시 나는 내 일을 점점 더 사랑하고 있었고 그렇기에 제대로 인생을 바쳐 우아하고 예술적인 공간을 만들어내고 싶었다. 하지만 디자인 비전공자로서 전문적인 지식이 일천했기 때문인지 아니면 다양한 문화 경험과 심미안적 감각의 부족 때문인지 능력의 한계에 부딪히며 깊은 절망감에 빠져들었다. 운 좋게 사업이 잘되던 상황에서도 더 나이 들기 전에 유럽에서 공부하며 잠시라도 살아보고 싶은 유혹은 커져만 갔다.

행복하지 않을 하등의 이유가 없던 현실을 불행으로 역전시킨 내 욕심에 비해 언제나 한 끗이 부족했던 용기와 소심함 탓에 결국 떠나지 못했다. 그렇게 스스로를 주저앉혔던 일이 한참의 세월이 흘러도 고스란히 내 결핍이 되어 남았나 보다. 그 뒤로 유럽으로 예술 유학을 다녀온 사람들에게 여전한 부러움과 위축을 느끼며 필요 이상의 권위와 감각을 부여하곤 했다. 물론 그도 예외는 아니었다.

나는 연애를 시작했고 그는 연애는 아니라고 했다. 3년 내내 끊임없이 만나면서 일상도, 일도, 미래의 계획마저 함께였지만 연애는 아니라고 했다. 오래전부터 비혼주의자였다고, 사귀는 프레임마저 싫다고. 마치 아픈 사연이 있는 사람처럼 지속적인 자기 고백 투로 나를 의도적으로 세뇌한 게 분명했지만 그게 사랑마저 하지 않겠다는 뜻인 줄은 몰랐다. 상대에 대한 별다른 애정 없이도 그토록 많은 것을 오랜 시간 공유할 수 있다는 걸 나는 몰랐다. 아니다. 다 쓸데없는 넋두리일 뿐이다. 그는 그냥 나를 사랑까지는 할 수 없었던 거다. 나와 결혼할 마음까지는 들지 않았던 거다. 그게 엄연한 진실이었지만 급기야 나는 살기 위해 스스로의 이성을 교란하기 시작했다.

"당신과 나를 하나의 관계로 수렴하고 싶지는 않아. 관계를 규정하는 순간 우리는 거기에 귀속되어버린다고 생각해."

맙소사! 지금은 경악할 이 끔찍한 말로 언젠가는 나를 사랑하게 될 게 분명하다 믿으며, 그의 언행 하나하나에 행불행이 예속된 시간을 보냈다. 두려웠다. 아침이면 밤사이 혹시 그의 마음이 변했을까 봐, 내가 싫어졌을까 봐 무서웠다. 퍽이나 통속적이고 진부한 감정이지만 절절한 진심이었다. 그래, 사귀는 것도 아니라면 어떤 장치가 필요해! 내가 놓아버리기만 하면 흔적 없이 사라질 허망한 관계를 안전하게 박제해두고 싶었다.

오래된 집의 탐미

"내가 하는 이번 팝업스토어 같이 해볼래?"

"내가 하는 크리스마스 데코 같이 해볼래?"

그러다 마침내…….

"내가 오래된 단독주택을 매입해서 리모델링하려는데 같이 해볼래?"

그를 내 곁에 묶어두기 위해 성향도 취향도 미감도 전혀 다른, 나만큼이나 고집스러운 상반된 그와 함께 작업을 하려 했다. 한국으로 돌아와 건축가로서 일을 시작한 지 얼마 안 된 그에게는 포트폴리오가 필요한 상황이었다. 나의 이 매력적인 제안이 받아들여진다면 이제는 정말로 나를 사랑해줄 것만 같았다. 더군다나 유럽에서 오랜 시간 유학하고 다수의 규모 있는 프로젝트에 참여해온 건축가의 숙련된 손길이 닿는다면 내가 가진 기존 작업의 한계를 극복하고 사업마저 확장할 절호의 기회가 될 거라며 부지런히 당위성마저 만들어댔다. 과거와 현재를 넘어선 불행을 미래까지 끌고 갈 결심을 단단히 마친 내 나름의 치밀한 계산이자 서글픈 요청이었다. 결국엔 이렇게 시작이 된 셈이다.

몇 년 동안 애써 시간을 내어 집을 보러 다녔다. 초반에 기웃거리던 서울의 구도심을 벗어나 한때는 경기도 광주까지 내려가 보기도 했다. 끝나지 않을 것처럼 지속된 코로나19로 내가 하던 일은 어이없이 추락했고 또 집값은 대책 없이 오르던 수상한 시절이었다. 그사이 그 사람도 지방으로 내려갔기에 어쩌면 서울보다는 경기도가 물리적으로도, 내 소박한 예산으로도 더 적절해 보였다. 무엇보다 보기 좋게 조성된 타운하우스의 잔디 정원은 서울에서는 감히 꿈도 못 꿀 감미로운 조건이었기에 서울을 결코 떠나지 않겠다던 굳은 결심도 별다른 저항 없이 쇠잔해져만 갔다.

그렇게 하루하루가 비스무리한 천 일의 시간이 흘러갔다. 달리 뭐가 없었다. 가로수길 빌라가 팔리지 않는 상황이라 집을 더 찾아본들 의미도 없었다. 몇 차례 프로젝트를 함께 진행했지만 장식적인 앤틱 은식기와 모던한 호텔식 플레이트 같은 우리의 미감은 도통 공명하지 못했다. 공간의 베이스는 그의 현대적인 디자인에 맞추고 개성과 에지edge가 관건인 스타일링에는 나의 고풍스러운 빈티지를 접목해 최상의 퍼포먼스를 내고 싶었다. 하지만 크고 작은 언쟁에 몇 시간씩 감정을 허비할 뿐이었다. 그는 언제나 이별을 무기 삼아 나를 조종하려 애썼다. 내가 더 사랑한다는 우월감에 취해 과한 지분을 요구하기 일쑤였다. 사랑하기에 함께 나누려 내어놓은 내 것마저 고스란히 자기 몫으로 만들려는 그의 이기적인 태도는 점차 당당한 권리가 되어 나를 극한의 굴욕으로 몰고 갔다. 현실 대신 중세 고딕의 낭만적 허구를 선택한 내 사랑은 고통이었다. 꾸준하게 헤어질 결심도, 분명히 나아질 거라는 관계의 희망도 몇 차례 반복적으로 품었지만 결코 벗어날 수는 없었다. 끝끝내 나를 향하지 않던 그의 피상적인 눈빛에 절절히 아파할 뿐이었다.

끝이 있으려나……. 그가 머물던 적막한 시골 대지에 요란스레 울어대던 매미가 돌연 흔적을 감추고, 살갗에 닿는 찬 바람이 선연히 느껴지던 9월의 중순을 막 지나던 볕 좋은 오후, 그에게 처음으로 "사랑해"라는 말을 순식간에 던졌다. 사랑이란 말에 내게서 도망가버릴까 봐, 그 사랑을 인정해버리면 그의 연애관에 동조한 듯 보인 내 속마음이 들통나 또다시 내게서 도

오래된 집의 탐미

망쳐버릴까 봐, 결국 그게 두려워 긴 시간 동안 내 안에만 집요하게 가둬둔 말이었기에 "이게 사랑이 아니고 뭐겠어"라는 쓸데없는 설명구까지 덧붙였다. 그리고 거기에 되돌아온 그의 두 마디 말에 드디어 끝이 왔음을 희미하게나마 알 수 있었다.

"사랑까지는 안 하면 안 돼? 그냥 인간관계로 남아 있어주면 안 돼?"

이어진 한참의 침묵.

예상보다 무척이나 잔인했지만 역설적이게도 해방감이 더 강렬하게 느껴졌다. 그래, 인정할 건 인정하자. 결국 지금은 자기 파괴적인 자해 행위였다고밖에 달리 말할 게 없지만 그 나르시시스트를 향한 원망과 후회의 시간에도 행복감으로 윤이 나던 순간들은 분명 있었다. 내가 삶에서 '행복해'라고 읊조렸던 단 몇 순간에 그가 있었다. 부인하지는 않겠다. 하지만 그 행복은 그가 아직 나를 떠나지 않았음에 대한 안도일 뿐이었다. 그렇게 하찮은 행복이었다. 아마도 그의 마음속엔 내가 아닌 다른 누군가가 있었으리라. 시간이 한참이나 흐르니 비로소 모든 걸 알 것도 같다. 내 오랜 결핍이, 그를 향한 집착이, 삶도 일도 공유하는 최상의 소울메이트가 되고 싶다는 극성맞은 욕심이 이성과 나 자신을 사랑하는 길마저 막아버렸다는 것을.

이 시절 내 삶의 방어기제는 억압이었다. 억압이 가진 속성답게 내가 보고 싶은 것만을 마치 필터라도 씌운 듯 뿌옇게 왜곡된 거울에 가두고 스스로 부린 저주에서 빠져나오지 못해 괴로워했다. 어쩌면 이런 게 행복일 수도 있다고 음울한 마법의 주술을 외워보았지만 그건 명백한 불행이었다. 어느덧 쓸쓸한 순정의 끝이 담긴 그 거울은 내게 19세기 알프레드 테니슨의

존 윌리엄 워터하우스John William Waterhouse, 〈샬롯의 여인The Lady of Shalott〉
1888년, 캔버스에 오일, 183×230 cm, 런던 테이트 브리튼 소장

시 〈샬롯의 여인〉 속 비탄한 숙명의 거울을 떠올리게 했다.

수수께끼를 함축한 이 서정시 속 여인은 알 수 없는 저주에 걸려 카멜롯 근처 샬롯이라는 섬의 탑에 갇힌 채 밖으로 나가거나 심지어 창밖을 직접 내다보는 것조차 금지된 삶을 살고 있었다. 그녀가 외부 세상을 보는 유일한 통로는 거울이었다. 그 거울 아래 앉아 반쯤은 삭제되고 반쯤은 재구성된 거울에 반사된 세계를 태피스트리로 엮으며 고립된 세월을 보냈다.

그러던 어느 날 거울에 비친 기사 랜슬롯에게 첫눈에 반해버린 그녀는 대담하게 방을 가로질러 그의 넓고 빛나는 눈썹을, 갑옷 아래 흘러내린 그의 눈부신 검은 곱슬머리를, 수련이 피고 거미줄이 떠다니는 창밖의 실제 세상을 두 눈으로 바라보고 말았다. "……네 눈으로 바깥세상을 보면 죽으리라." 순간 거울은 깨어졌고 피할 수 없는 저주의 끝을 직감한 샬롯의 여인은 랜슬롯을 마지막으로 한 번만 더 보기 위해 작은 배에 오른다. 가을 황혼 녘의 희미한 빛이 담긴 랜턴과 아스라이 꺼져가는 촛불에 의지해, 이제 그만 배의 사슬을 놓으려는 그 비장한 듯 처연한 순간을, 라파엘전파의 정신을 계승한 거장 워터하우스는 사실적인 자연 묘사와 함께 몽환적인 화폭에 담아냈다.

이제는 나도 또 다른 세상으로 떠나려 한다. 내 것이 될 수 없는 사람, 아니 내 것이 되어서는 안 되는 사람을 반짝반짝 광 내어 담아낸 그 거울을 기어코 깨뜨리고 내 세상에서 몰아냈으니 말이다. 더는 억압된 왜곡으로 현실을 아름답게 착각하지 않겠다는 자유의지와 함께. 그렇게 나는 못된 과거를 떠난다.

거짓말 같은 일들

"거기 목동들, 나의 플로라가
여길 지나갔는지 말해주겠나?
전원을 거느리는 미의 여왕을."
— 〈목동들아 말해주오Ye Shepherds Tell me〉

외사랑인 듯한 외사랑인 게 분명했을 인연이 끝이 났다. 오랜 시간 간절히 염원하면서도 파르르 떨며 두려워하던 상상 속 이별 장면이 현실로 재현되고 한 달이 지나는 동안 생각보다는 그리 힘들지 않았다. 그립지도 않았다. 다만 어쩌다 마음이 도려낸 듯 사정없이 아릴 뿐이었다. 그 3년의 세월이 고스란히 떨어져나간 자리에는 늦가을 바람이 스산한 찬기를 품고 무심하게 관통했다.

그 뒤 얼마간은 열정적으로 신사동 집을 정리했다. 이제 부질없어진 내 마음의 잔재를 비워내듯 이 공간도 불필요한 것들을 걷어내며 조금은 더 넓어지고 단정해질 필요가 있었다. 그러면 팔리지 않던 이 집이 누군가의 눈에 매혹되어 아주 좋은 가격으로 거래될 것만 같았다. 몇 날 며칠 '당근! 당근!' 하

오래된 집의 탐미

는 알람이 유쾌하게 울려 퍼지며 푼돈들도 제법 모여 백 단위를 넘어섰다. 그 모여가는 돈만큼 내 상흔도 서서히 아물어가는 의식처럼 느껴졌다. 나는 이젠 이 집과도 끝이 나기를 진심으로 바라고 있었다.

여전히 넘쳐나는 늦여름 금빛 햇살에 내 기다림마저 말라가던 8월 말, 거짓말처럼 신사동 빌라가 팔렸다. 집이 너무 예쁘다며 감탄을 쏟아내던 이전의 방문과 달리 그날은 집 내부를 휘리릭 성긴 눈길로만 훑어볼 뿐 별다른 질문도, 이렇다 할 관심의 징조도 없었던 심심한 방문이었다. 오히려 바로 계약하겠다는 연락에 되레 얼떨떨한 마음만 앞섰다. 지나치게 성급한 결정인 듯하니 조금 더 시간을 두고 충분히 생각해보는 게 어떻겠냐는 어이없는 조언마저 건네고 싶었으니까. 이러지도 저러지도 못하겠는 마음에 한참을 망설여 계좌 번호를 건넸다.

이제서야! 드디어! 본격적으로! 내가 살 집을 알아보아야 했다. 주말 취미로서가 아니라 진짜 이사 갈 집을 찾아야 하는 거다. 다행히 잔금을 치르고 이사하기까지 6개월이라는 다소 넉넉한 시간이 남겨졌다. 2월 초, 그래도 한겨울은 지내고 떠나게 되겠구나.

계약금을 받고도 마음이 수런거려 가만히 앉아 있을 수가 없었다. 아쉬움과 후련함 사이, 알쏭달쏭 이물거리는 감정의 실마리를 찾기 위해 뒤죽박죽 엉켜 있는 머릿속을 걷기 시작했다. 이 마음을 어쩌지. 어쩔 수 없이 걸어야 하는 심정이란 이런 걸까. 가로수길을 몇 바퀴씩 돌고 산책로 낙엽을 따라 한참을 걸었다.

나이를 먹으며 내 가치관과 관심사가 변해왔듯 살고 싶은 곳도 종종 달라졌지만 언제나 귀결점은 이곳 가로수길이었다. 신사동 가로수길은 나의 이삼십 대가 고스란히 박제된 헤테로토피아와도 같았다. 내게 거주 공간이 주는 행복을 알게 해준 첫 장소이자 평온한 일상 속에서도 언제나 비일상적인 유혹으로 권태로움을 잊게 해준 영감의 집약체였다. 내가 사랑한 예전 가로수길은 지금의 식상하고 평범해진 프랜차이즈 상점 대신 예술과 상업이 혼재했던 육칠십 년대 뉴욕의 옛 소호 같은 고상한 공간이었다. 처음 가로수길을 걷던 날을 선명히 기억한다. 가을 녘 노란 은행나무가 안온한 음영을 자아내던 2차선 도로 양옆으로 갤러리, 디자이너 부티크, 낮은 주택을 개조한 독특한 와인바와 노천 카페가 즐비하던 이국적인 거리는 아무리 걸어도 싫증이 나지 않았다. 영화의 매혹적인 세트 속에 빠져 살던 대학 시절 본 그 어떤 미장센보다 탐미적이었던 허구의 공간, 그곳이 나의 동네가 되었다.

내게 가로수길이 지닌 의미는 곧 '공간'으로서 집이 가지는 나의 개념이기도 했다. 집이라는 공간은 동네, 그리고 그곳에서 함께 호흡하는 이웃까지 모두 아우르기 때문이다. 나의 미감과 공명하는 곳에 머무르며 문화 예술, 건축 인테리어, 패션과 미식의 최신 트렌드를 일상 속에서 자연스레 습득하는 삶은 내 창작적 관심사를 깊이 있게 진화시켜주었다. 한 걸음 한 걸음 내가 걸어 닿을 수 있는 나의 동네 가로수길의 모든 감각을 진정으로 사랑했다.

그럼에도 이제는 떠날 시간이 온 것이다. 바야흐로 정체에서 벗어나 삶의 변화를 도모해야 할 시기였다. 발전 없이 나이만 먹는 삶이 불안하고 두려웠다. 좀처럼 채워지지 않는 마음

오래된 집의 탐미

의 공백 대신 성장하는 삶의 역동성 안에 살고 싶었다. 그리고 무엇보다 더 이상 남들의 행복에 기웃거리지 않기 위해 내가 어떤 사람인지, 무엇이 진정으로 나를 행복하게 만드는지 찾고 싶었다. 그러기 위해선 먼저 물리적인 환경부터 바뀌어야 했다. 수백 번 수천 번 마음만 부지런히 고쳐먹는다고 되는 일은 아니었다.

서울과 경기도 이곳저곳을 몇 년 동안이나 찾아다녔는데도 (심지어 제주도에서 살아볼까도 했다!) 단 한 번도 염두에 두지 않았던 광진구 아차산 자락이었다. 내가 이 지역에 대해 어떤 인상을 가진 적이 있었던가. 오래전 미션처럼 서울의 산을 하나둘 오르던 시절 한 차례 등산했던 밋밋한 기억 말고는 아마 없었을 거다. 그런 낯선 무미의 대상이었던 동네에 유년 시절 골목 어귀에 있던 피아노 교습소를 연상시키는, 가격 빼고는 썩 마음에 내키지 않았던 집을 처음 둘러보고 간 다음 날, 아빠의 폐암 소식을 들었다.

참, 삶에는 거짓말 같은 일이 때론 너무 자주 일어나곤 한다. 좋게도 나쁘게도. 그 미망에 빠진 심경을 부여잡고, 아무것도 하고 싶지 않은 마음을 겨우 이겨내고 피아노 교습소를 닮은 그 집을 계약했다. 서울 시내에서 내가 가진 예산과 조건으로 더 이상 볼 집도 크게 남아 있지 않았고, 무엇보다 가장 저렴했다. 현실에 대한 체념인 듯 타협인 듯 멀미가 날 것 같은 혼란 속에 도장을 찍고 나서도 발걸음은 쉬이 떨어지지 않았다. 이 집 앞에서 그리고 이 골목에서, 이 모든 풍경에 익숙해지기 위해 한참을 서성거렸다. 하지만 그 낯섦의 농도는 쉽사리 희석되지 않았다. '지금부터 여기가 나의 집이야.' 애써 친근한 표현으로 속살거려보지만 어쩐지 아무런 감정도 담아내지 못한 공허한 방백만 되고 만다.

시간이 얼마나 지난 걸까. 옷깃 위로 서늘함이 스친다. 어느덧 골목 안으로 길게 늘어지던 한낮의 집 그림자가 옅어져 길바닥으로 흩어졌다. 줄곧 내 시각을 해害하던 낮고 두텁게 내려앉은 수십 갈래의 공중선조차 어스름해지는 사위에 산란한 형상을 거둬들인다. 해가 지고 있었다. 저 멀리 금빛 광채가 하늘을 물들이며 차츰차츰 내게로, 나의 새로운 집으로 가까이 다가오는 게 느껴진다. 사전트의 빛처럼 온화한 석양이 내 아차산의 삶에도 아름다운 흔적을 남기려 성큼성큼 반갑게 다가오고 있었다.

태양 빛이 어슴푸레해지며 어둠이 막 깃들기 시작하는 저녁 무렵, 꽃의 여신 플로라를 대신해 어린 두 소녀가 종이등에 불을 밝힌다. 플로라가 관장하는 화양연화의 꽃처럼 덧없이 사라져간 어린 시절 기억 속 천진난만하고도 여린 빛이다. 낮에서 밤으로 변해가는 대기의 미묘한 흔들림이 늦여름 코츠월드의 영국식 정원에 만개한 하얀 백합, 노란 카네이션, 분홍빛 장미 그리고 보랏빛을 머금은 짙푸른 초목과 어우러지며 몽환적인 분위기를 만들어낸다. 카네이션, 백합, 백합, 장미. 당시 유행하던 노래의 후렴구에서 따온 이 작품의 제목마저 시어를 읊조리듯 그림에 목가적인 리듬감을 덧대는 듯하다.

어느 여름날 저녁 사전트는 템스강에서 뱃놀이를 하던 중 나무와 백합 사이로 매달린 중국식 등불을 보았다. 인공 조명의 은은한 불빛이 해 질 녘 강변을 따뜻하게 물들이며 서서히 사멸하는 자연광과 독특한 대조를 이루고 있었다. 그는 황혼이

오래된 집의 탐미

존 싱어 사전트John Singer Sargent,
〈카네이션, 백합, 백합, 장미Carnation, Lily, Lily, Rose〉
1885~1886년, 캔버스에 오일, 174×153.7cm, 런던 테이트 브리튼 소장

자아내는 그 찰나의 색조와 빛을 완벽하게 포착하고 싶어 인상
주의 방식으로 매일같이 야외에서, 그것도 십 분 남짓 허락된
짧은 시간에만 붓을 들었다. 화폭을 채우고 수정하기를 반복한
인고의 2년여 동안 캔버스와 물감 속에 수많은 여름 저녁의 순
간이 새겨졌다.

이 작품은 사전트가 자신의 1884년 작 〈마담 X의 초상〉으
로 촉발된 스캔들을 피해 파리에서 런던으로 도피한 직후 그려
졌다. 파리 상류층의 초상화가로 큰 인기와 부를 누리던 그에
게는 전혀 예상치 못한 실패였다. 아마도 그는 화가로서 가장
화려하던 한때를 회상하며 이 그림을 그렸을 것이다. 그러나
그 절망의 바닥을 치열하게 견디며 탄생한 예술 속에는 지금까
지와는 전혀 다른 초월적인 순간의 빛이 만들어내는 감정과 이
야기가 고스란히 담겨 있다.

돌아보면, 이 집 그리고 이 오래된 골목을 쏙 빼닮은 지방
소도시의 작은 동네에서 유년의 나는 날이 어둑해지도록 뛰어
놀았다. 엄마가 부르는 소리를 듣고 친구들과 헤어질 때의 아
쉬움, 달게 낮잠을 자다가도 저녁 무렵 깰 때면 느껴지던 이상
한 외로움이 조그만 나를 시무룩하게 만들었다. 내 유년의 저
녁 대기엔 설핏 깃든 쓸쓸함이 있었다.

아마 그때부터 이 감정의 허기를 채워주는 풍요로운 석양
을 좋아하기 시작했나 보다. 어떤 차가움도 녹여줄 것 같은 그
따뜻한 홍차 같은 사전트의 빛이 매일 빠짐없이 작고 오래된
나의 새로운 집을 포근하게 채워주었으면 좋겠다.

낮 동안 내내 인기척 없던 집에도 부드러운 불빛이 켜졌다.
그 정겨운 불빛을 바라보니 이제는 더 다정하게 속삭일 수 있

오래된 집의 탐미

을 것만 같다. 누군가가 지금 여기서 검박하고 소소한 일상의 삶을 살아가듯 나도 용기 내어 잘 살아가보자고. 산을 좋아하는 아빠도 이 아차산 자락을 분명히 좋아할 거라고.

급격한 변화

"여자가 쳐다보니 그 나무 열매는
먹음직하고 소담스러워 보였다."
— 〈창세기〉

10월 중순, 아차산 집을 계약하고 나니 이사까지 약 4개월
이 남아 있었다. 이제 리모델링 콘셉트 기획 설계와 디자인 스
케치 작업을 하고 기본 공정을 시공해줄 업체를 찾기만 하면
된다. 이별의 마음이 조금 정리되면, 이 빌라가 팔리면, 집을 구
하고 나면……. 언제나 묵직하게 주어지는 다음 과제 덕에 여
행 한번 다녀오겠다던 마음도 이사 후로 또다시 미루어두었다.
여전히 분주하게 무언가를 끊임없이 하긴 했지만 별다른 성과
없이 시간이 흘렀고 곧 짐을 쌌다.

심드렁했다. 생각보다 신이 나지 않았다. 한 번은 이번 인
생 프로젝트로 내 삶을 전복할 수 있을 것만 같아 들떴고, 아홉
번은 모든 게 버겁고 귀찮았다. 사적으로는 혼자 나이 들어가
는 비자발적 싱글의 삶에 고질적인 의구심을, 공적으로는 회복

오래된 집의 탐미

되지 않는 매출과 스멀스멀 올라오는 일에 대한 염증을 견디며 돌파구를 마련해야 했다. 그렇기에 모든 자산을 투자하고 내가 지닌 물리적, 정신적, 기능적 역량을 투영하며 다른 기회비용을 배제한 채 열렬히 사랑해온 삶의 터전을 옮기는 일, 이건 내 인생 전체를 건 모험, 아니 도박이었다. 그래서일까? 나름은 너무 비장해서였을까? 도무지 집중이 되지 않고 오히려 공중을 부유하는 기분이었다.

그나마 혼란 속에서도 스스로 잘한 일이라 납득한 건 신사동 빌라를 팔아 (비록 작더라도) 내 땅, 내 건물을 가질 수 있다는 극강의 가성비였다. 한정된 적은 예산으로 남과 다른 주거 형태를 선택하고 내 업력에도 기여할 수 있다면? 결국 이 자발적 결정은 생의 위기를 지나는 극강의 번아웃 시기에 던진 무리수이자 유일한 묘수였던 셈이다.

겨우 내가 꿈꿀 수 있는 온갖 환상이 들어앉은 엄청난 페이지의 기획서를 작성하고 몇몇 시공사와 현장 미팅을 했다. 오래된 단독주택을 주로 다루는 곳이어야 했다. 인테리어 회사는 흔하디흔하지만 이런 전문 업체는 드물다. 구옥의 경우 기둥, 벽, 바닥 등 기초가 약할 가능성이 크기 때문에 무엇보다 구조적 안정성을 확보한 후 살기 편한 디자인으로 개선하는 것이 중요하다. 그러면서 건축 당시의 시대적 감성이 느껴지는 독특한 건축 자재와 지금과는 사뭇 다른 수작업의 흔적을 고풍스럽게 살려낼 줄 아는 노하우도 필요하다. 삼각지붕, 다락, 외벽 타일, 장식적인 창문 단조 등 50여 년의 역사가 스며든 이 집만의 특별한 매력과 가치를 나와 함께 극대화할 수 있는 파트너를 원했다. 그런 의미에서 그동안 나와 상업 공간을 작업해온 시공팀들은 감각은 뛰어났지만 아쉽게도 부적합했다.

적절한 포트폴리오를 보유하고 적당한 금액(사실 그들에게 는 터무니없이 낮은 금액)으로 노후 단독주택을 안전하게 리모 델링할 수 있는 업체는 예상보다 많지 않았다. 하겠다고 나서 는 곳도 드물었다. 내 예산은 처음부터 넉넉지 않았다. 그래, 가 능하면 조금 더 여유를 낼 수도 있다고 호기롭게 미끼를 던지 던 내 당당한 음성은 업체 미팅이 지속될수록 쪼그라들었다. 엄두도 못 낼 지붕은 둘째 치고 전기, 배관 설비, 단열, 창호, 바 닥 보일러, 벽마감까지 모조리 철거하고 새로 재배치해야 하는 상황이었다. (설마, 이 정도로 다 바꿔야 한다고? 이대로라면 남은 돈으로 도배 장판도 어렵겠는걸!)

애초 나는 낡은 미감 위로 덧대지는 시각적인 디자인을 뽐 내고 싶었지, 아늑한 집 하나를 만들고픈 의도는 조금도 없었 다. 물론 그 의도상 '낡았다'는 건 문제가 되지 않았다. 다만 상 업 공간처럼 잠시 머무르는 곳이 아닌 일상을 살아가는 '집' 을 만들기 위해서는 대부분의 시설을 안전하고 기능적으로 손 봐야 한다는 기본을 간과한 것이다. '1979'라는 숫자에 필요한 건 기본 설비였지 내부 장식이 아니었다. 특히 매끈하고 현대 적인 마감이 집 리모델링의 최고 미덕이라 여기는 대다수 업 체가 보기에 내 디자인은 돈만 잔뜩 잡아먹는 무용한 쓰레기에 불과했다.

어떤 팀은 예산은 나중에 논의하자며 득달같이 달려들었고 또 다른 곳에서는 공정마다 인부를 써서 직접 하는 게 좋을 것 같다며 조심스럽게 거절을 표했다. 다소 부담스러운 비용이었 지만 꽤 믿음직해 보이는 포트폴리오에 끌려 내가 협업을 제안했던 한 건축가는 다른 프로젝트로 인해 6개월 뒤에나 착수가 가능하다는 비보를 전해왔다. 모두 다 놓쳐버렸다. 그렇게 업체를 찾지 못한 채 시간에 떠밀려 추억과 함께 대책 없이 이사를 준비했다. 어떻게든 되겠지, 뭐. 이것도 저것도 안 되면 일단 그냥 들어가 살면 되지, 뭐. 내 집인데 뭐가 문제야. 그래, 물론 안 될 건 없었다. 분명 안 될 건 없었지만……

이즈음에는 현재와 과거가 뒤엉켜 추억 속 장면이 불쑥불쑥 지금의 시공간과 중첩되곤 했다. 가로수길에 살던 시절의 마지막 4년 동안 많은 이별이 있었다. 열네 살의 팡팡이를 보냈고, 집착하던 한 남자를 떠났고, 또 한 시절을 함께 울고 웃던 거짓된 우정을 떠나보냈다. 연달아 이별만 하던 시절이었다. 나만 빼고 모두가 떠나간 듯한 이 공간에 숱한 잔향을 지닌 풍경이 그립게도 아리게도 지나갔다. 남겨진 목소리들도……. 과거의 수많은 추억을 뒤로하고 앞으로 나아간다는 건 결심처럼 쉬운 일은 아니었다. 머무름과 떠남, 그 틈 사이로 영원 같던 한 시절이 스쳐 갔다.

신사동 집에서는 자주 사람들을 초대해 초를 켜고 와인을 따랐다. 친구들과 지인들은 가로수길에 올 일이 생기면 어김없이 내게 연락했고 여느 카페나 바보다 나의 집 '레벤즈 하우스'를 더 좋아해주었다. 하지만 늘 북적이던 그 집에서 언제부터인가 나는 조금씩 공허해져 갔다. 나의 집은 내 몸만 담아냈을 뿐 마음까지는 담아내지 못했다. 어쩌면 시간여행을 하고 있었을지도 모르겠다. 더 행복했던 과거로, 더 행복해질 조건을 갖춘 미래로. 아니 나는 내가 살아보지 못한 타인의 삶과 이국의 시공간을 막연히 그리워하고 부러워했던 것 같다. 그동안 얼마나 많은 오늘을 소모했으며 또 얼마나 많은 일상의 행복을 희생시켰는지.

집이 나를 아쉬워하는 걸까. 이사를 준비하는 사이 신사동 집에는 이것저것 문제가 생겼다. 싱크대 수도배관 고무 호스가 갑자기 터져 주방이 물바다가 되었고, 빌라의 누군가가 버린 물티슈 탓에 정화조가 막혀 변기로 역류했다. 잊고 살던 그 나르시시스트는 이 인연의 진짜 끝은 본인이 맺는 거라며 멋대로 찾아와 찌질하게 몇 마디 던지고는 광택 잃은 중고차를 몰고 떠나갔다.

어이없는 고백을 하자면, 그 순간 붙들고픈 마음도 일었다. 아니, 그래야 하는 게 아닐까? 혹시 이게 기회일까? 우리 설마 진실한 인연이었던 건 아닐까? 헤어진 뒤로 흐른 1년의 시간이 무색하게도 잠시 너무 큰 혼란이 일었다. 멈춰! 정신 차리자. 우리가 좋은 인연이라면 어찌어찌 또 이어지겠지. 괴로웠던 과거로 되돌아가는 기적을 손수 행할 수는 없다. 그래, 여기까지. 여기까지만 하자. 가로수길의 마지막은 이렇게 내게 정을 떼려고 온갖 치트키를 꺼내는 것만 같았다. 정말 떠나는 마지막까지도 그랬으니까.

보름 전 받은 이사박스에 에어비닐로 소품과 살림살이를 하나하나 포장하고 태그를 붙여두었다. 며칠 전 전기 기사를 불러 샹들리에 조명을 떼어내고 다른 등기구도 달아두었다. 이른 아침 여섯 시부터 포장해놓은 이삿짐을 실었다. 공사 기간에 임시로 거주할 중곡동 원룸과 컨테이너에 보관할 짐을 혼동 없이 구분하느라 눈을 부라리며, 내 소중한 가구와 오브제들이 손상될까 노심초사하며, 또 왠지 시원섭섭한 이 마음을 혼자

오래된 집의 탐미

부여잡으며 빌라 윗집 선생님과도 떠남의 포옹을 했다. 부동산에서 잔금을 건네받은 뒤 20년 단골 분식집에서 김밥을 포장해 차에 시동을 걸었다. 어느새 오후 두 시. 강변북로를 한참 달려 또 다른 부동산에 도착해 잔금을 치르고 안도의 한숨을 내쉬던 찰나, 전화벨이 울렸다.

"이거 뭐예요? 지금 여기 물 터지고 난리 났어요. 어떻게 책임질 거예요?"

전화기 너머에서 누군가 소리를 질렀다. 순간 아까 싱크대에서 세탁기를 분리하던 이삿짐 업체 직원이 수도 배관이 이상하다며 한참을 끙끙대던 게 떠올랐다. 지난번 터진 고무호스를 교체하던 사람이 벽에 붙은 수전을 떨어뜨렸던 기억도 났다. 그때는 분명 문제가 없다고 했는데…… 신사동에서 보내온 동영상을 보니 물이 바닥으로 순식간에 넘쳐 새 입주자의 이삿짐을 적시고 있었다.

아직 내리지 못한 원룸 짐은 이사 업체에 가구 배치 도면을 건네며 정리해달라 요청하고, 떠나온 지 두 시간 만에 다시 신사동으로 향했다. 죄송해요, 죄송해요. 어이없을 상황에 진심으로 사과를 하고 설비 업체를 수소문해 (이번엔 제대로) 문제를 손봤다. 새 집주인의 세입자가 요구한 크고 작은 일도 처리해주었다. 통장에서 수십만 원이 순식간에 훅하고 사라졌다. 억울함이 없지는 않았지만 이렇게라도 해결되었으니 되었다 싶었다. 잠시 주위를 돌아보니 그새 이 빌라가 낯설기만 했다. 이제 나의 것이 아닌 다른 이의 물건으로 채워진 이곳은 나와 정말로 이별했다. 재회 없을 이별 덕에 다시 떠나는 내 발걸음도 그전보다 덜 무거워 보였다.

중곡동 원룸에 도착하니 밤 열한 시가 다 되어갔다. 어디다 주차를 해야 하나. 생각해보니 별다른 지침도 받지 못했다. 건물주에게 연락을 해야 하나? 다행히 늦은 시간임에도 여기저기 빈 자리는 넘쳤다. 혹여나 다른 차가 들고 나는 데 문제가 없을 자리를 찾아 고심하며 주차를 했다.

여기가 3개월 동안 내가 지낼 곳이구나. 원룸의 파리한 형광등 불빛이 스산했다. 오늘 마시려고 일찌감치 준비해둔 까바를 땄다. 거친 거품이 일었다. 욕을 하도 먹어서인지 배고픔에도 무감각했다. 도통 잠이 오질 않았다. 그때 전화가 울렸다.

"여보세요."

"아줌마! 차 빼, 얼른. 여기 내가 대던 자리야."

새벽 세 시 온몸이, 온 정신이, 온 마음이 혼미해질 정도의 아찔한 환영이었다. 저, 아줌마는 아니에요……. 비록 적지 않은 과년한 나이이긴 하지만.

에덴동산에서 쫓겨나는 이브의 심정이 꼭 이랬을까. 놀란 눈으로 허겁지겁 겉옷을 챙겨 입는 내 모습은 이제 막 인간의 죄의식을 자각하고 나체의 부끄러움을 알게 된 이브 같았다. 나뭇잎으로 몸을 가리듯 추위 때문이라기보다는 창피함을 가리려 아무 옷이나 급히 걸치는 듯 보였다. 잔뜩 울상으로 나서는 현관 유리에 비친 내 모습은 이런, 이 표정은 딱 마사초의 이브잖아! 미켈란젤로의 시스티나 성당 천장화를 비롯롯 중세와 르네상스 시기의 수많은 예술작품에서 천국을 상실한 순간의 이브를 표현해왔지만 마사초의 이브만큼 지금 내 수치심과 부끄러움을 대변해주는 작품은 없을 듯싶었다.

마사초의 〈에덴동산에서의 추방〉은 피렌체에 있는 산타 마

오래된 집의 탐미

마사초Masaccio,
〈에덴동산에서의 추방Cacciata dei progenitori dall'Eden〉(Photo by Paolo Villa)
1425년, 프레스코화, 208×88cm, 산타 마리아 델 카르미네 교회 브란카치 예배당리아 델 카르미네 성당의 브란카치 예배당을 장식하기 위해 그려진 프레스코화다. 르네상스 미술의 효시라고 평가받는 마사초는 본명(토마소 디 세르 조반니 디 시모네)을 두고 '덩치 크고 세상물정 모르는 남자'라는 뜻의 '마사초'(영어의 '지저분한 톰 Clumsy Tom'과 비슷한 뜻)라 불릴 정도로 외모에는 전혀 신경 쓰지 않고 미술에 대한 열정만으로 짧은 생을 살았다. 원근법, 명암법, 사실적인 인체 묘사를 통해 중세 고딕의 장식적 표현에서 벗어나 복잡한 내면 감정과 르네상스 인문주의를 바탕에 둔 인간의 심리 드라마를 섬세하게 표현했다.

얼굴을 손으로 감싼 채 후회로 소리 없이 흐느끼는 아담과 죄책감에 휩싸여 하늘을 향해 통곡하는 이브. 그들의 얼굴과 몸짓에는 신과의 단절과 잃어버린 유토피아를 그리워하는 세상의 모든 눈물이 서려 있다. 마사초의 이 그림 이전에 인간의 표정을 이렇게도 실제적으로 표현한 작품이 있었나? 아니 그 후에도 이토록 내면 깊숙한 곳에서부터 뿜어져 나오는 애통함이 찢겨나갈 듯 날것으로 전해진 적이 있었나?

물론 에덴동산에서의 추방은 단순한 신학적 사건을 넘어 인간의 삶과 본질에 대한 깊은 철학적 의미를 내포하고 있다. 아담과 이브가 하느님의 명령을 어기고 선악과를 먹은 행위는 인간이 자유의지를 가지고 있다는 것을 상징하며 그 결과에 책임져야 하는 존재임을 알려준다. 이는 무지하고 순진했던 시절에서 벗어나 자아를 인식하고 지식과 경험을 통해 성숙해가는 과정과도 닮아 있다.

한밤중의 무례한 전화 호출에 끌려 나가는 일도 내 선택에 대한 책임이고 한층 더 성숙해가는 과정이라 믿어야 할까. 원래도 부족했던 믿음 대신 스스로의 이성에라도 호소해야 할까. 하지만 나중에. 지금은 감성이 이성을 잠식해버렸다. 이브의 원초적인 울부짖음에 내 현재를 심상화했다. 비너스의 에로틱한 푸디카 포즈가 더 이상 우아한 관능이 아닌 부끄러움이 되어 익숙한 세계에서 추방당하는 모습을 바라보며 내가 쫓겨난, 아니 내가 걸어 나온 세상을 그리워했다. 지금 낯선 이곳에서 모욕을 당하고 있는 나이 든 내 모습이 수치스러웠고, 급격히 바뀐 우울한 환경 탓에 절망감은 쉬이 회복되지 않았다.

소란한 감정

"사람의 마음은 바다와 매우 비슷하다.

그 속에 폭풍도 있고, 밀물과 썰물도 있으며,

그 깊은 곳에 진주라는 보석도 있기 때문이다."

— 빈센트 반 고흐

한 중년 부부(?)가 골목길 가득 울려 퍼지던 그 목청만큼이나 큰 동작의 삿대질을 해댔다. 그들의 격한 몸짓과 날카로운 고함은 새벽의 적막한 어둠 속에 조율되지 못한 하울링처럼 번져나갔다. 나는 일단 자초지종을 설명하고 그들을 진정시킨 뒤 차를 뺐다. 그리고 차도 비난도 정지된 순간, 후두두둑 막무가내로 눈물이 떨어지기 시작했다. 그 눈물에는 한동안 나마저도 외면해온 서러움과 외로움 속 자기 연민이 보태져 어느새 통곡으로 변주된 채 도저히 멈출 기미가 없었다. 한참을 흐느끼다 고개를 드니 건물주 어르신도 이 새벽에 호출되어 나를 기다리고 있는 게 보였다. 언제부터 저기 저렇게 어쩔 줄 몰라 하는 안쓰러운 눈빛으로 서 있었던 걸까. 창피함과 고마움에 애써 아무렇지도 않은 척 반 톤 높여 인사를 건넸다. 한껏 가공되

오래된 집의 탐미

고 약간은 비참하기도 한 음성이었다. '나는 아무렇지도 않아. 대수로운 울음은 아니었어'라는 듯이.

이 빌라 나름의 엄격한 주차 규칙이 있었나 보다. 널찍하게 비워져 있던 필로티의 주차 자리를 남겨두고 3개월 단기 계약자인 나는 건물 뒤편 가파른 오르막 옆의 좁디좁은 자리를 배정받았다.

산이 지척이라 그런가. 2월 초 여전히 매서운 겨울 새벽 찬바람에 서둘러 방에 들어섰지만 오랫동안 비워져 있던 원룸 보일러는 요란한 가동 소리에 비해 쉽게 따뜻해지지 않았다. 잠도 오질 않았다. 오늘 하루 벌어진 아찔한 이별과 거부하고픈 열띤 환대에 여전히 혼미할 뿐. 더 울어볼까도 생각해봤지만 일단 당장의 눈물은 소진되었나 보다. 이 상황을 어떻게 받아들여야 하지? 아니, 어떻게 해석해야 하나. 마음이 진정되자 이젠 머릿속에서 난리가 났다. 급기야 실현 가능성 없을 허황된 플랜 B까지 덧대지며 여기까지 끌고 온 나를, 그리고 애써 긍정해온 내 선택을 향한 진지한 의심이 또다시 꿈틀거린다. 밤, 냉철한 이성이 잠들고 대책 없는 망상이 깨어나고 있었다.

어차피 내가 원한 건 삶의 변화였다. 집이라는 물리적 공간에 자발적으로 묶어둔 결박으로부터 멀리 도망칠 마지막 기회일지도 몰랐다. 전혀 다른 공간에서, 전혀 다른 시간 속으로 뛰어들 수 있는 마지막 카이로스. 유럽의 미술관에서 고전과 현대를 오가며 예술작품을 대면하고 그로부터 새로운 시각과 영감을 얻어 내 삶을 다시 설계하고 싶어졌다. 그 길을 따라 더 남쪽으로 지중해의 푸른 신비에 떠밀려 북아프리카로 향하는 것도 괜찮은 여정이겠다. 수천 년이 축적된 고대 유산과 태양의 오래된 기억이 내려앉은 듯한 풍부한 색감으로 생명력이 넘치는 땅. 그곳에서 얻은 모든 경험의 감각과 지식의 여운을 글로 기록할 수 있다면 그제야 내 삶도 하나의 긴 여행처럼 깊이 있게 원숙할 것만 같았다. 기왕 변모할 거라면 이 정도의 극적인 전환쯤은 마땅하지 않을까. (그다지 불가능한 일은 아니지 않을까?) 그렇게 침대에 꼼짝도 하지 않고 누워 아침이 오기만을 기다렸다.

온갖 걱정 속에서 몇 배속이나 늘어진 저속 촬영 같던 시간이 겨우 흘러 마침내 아침은 왔다. 하지만 부동산 사장님에게 연락하기에는 여전히 너무 일렀다. 더 이상 아무것도 하지 않으면 미쳐버릴지 몰라 데스크톱을 세팅하고 얼마 전 작업 의뢰를 받은 클라이언트에게 거절 메일을 보냈다. 욕심난다고 지금 상황에서 그 큰 프로젝트를 덜컥 맡을 수는 없었다. 어젯밤 한기에는 할 자신이 없었던 샤워도 했다. 세상에 욕실이 이렇게나 춥다니! 당장 외면하고픈 현실만 한껏 더 비참하게 부각된 느낌이었다. 가만……, 아침인데 왜 아직도 어두운 거지? 날이 흐린가?

3개월만 살면 될 거라 생각했기에 집 리모델링 현장과 가까운 이 원룸의 첫인상은 나쁘지 않았다. 비교적 저렴한 데다 주차도 가능하고, 심지어 넓기까지 했다. 근처에는 고시원을 제외하면 단기로 임대할 수 있는 곳도 없으니 오히려 운이 좋다며 기뻐했었다. 반지하도 아니고, 지면과 동일한 높이에 있는 지층이니 1층과 별반 다르지 않다고 여겼다. 물론 정면에서 볼 때만 그랬다. 나는 왜 급경사에 놓인 이 집의 구조를 보고도 제대로 인식하지 못했을까. 창문의 한쪽은 필로티 주차장, 다

　　　　　　　　　　　　오래된 집의 탐미

른 한쪽은 렉산 천장으로 꽉 막힌 1미터 간격도 안 되는 흙벽
이었다. 빛은 물론 바람조차 들지 못하는 구조라니. 바람이 분
다면 주차장에서 자동차 매연이나 들이닥치겠지. 환장하겠네!
내가 왜 단독주택을 산다고 이 고생이지?

"사장님, 저 아차산 이 집 그냥 다시 팔고 싶어요."

부동산 사장님을 만난 나는 주저리주저리 울먹이며 새벽에
있었던 일을 하소연했다. (제발 제 편이 되어주세요.)

"혼자 낯선 곳으로 이사 와 첫날 겪은 일이 힘들었던 건 이
해해요. 하지만 그렇다고 다시 팔고 싶다는 말을 쉽게 꺼내는
건 경우에 맞지 않는 것 같아요. 게다가 세입자도 이미 이사를
나가 지금처럼 비어 있는 상태로는 팔기도 어려워요. 이런 경
우는 또 처음이네요."

대책 없이 충동적으로 보이는 철없는 나를 향한 어이없는
질책이었을까?

"그러지 말고, 맛있는 거 사줄게요. 저녁 같이 먹어요."

내게 결코 친절하지 않았던 이 동네에서 사귄 나의 첫 번째
친구가 다정한 친절을 베풀고 있었다. 순간 멈춰 있던 식욕이
되살아나듯 심장에도 온기가 돌기 시작했다. 다행이었다. 삼겹
살이 먹고 싶었다. 어쩌면 그저 누군가의 호의가 고팠던 것일
지도 모르겠다.

꿀 같은 식사를 마치고 꿀보다 더한 농도의 아주 긴 잠을
잤다. 꿈속에서 나는 현실의 나보다 훨씬 더 행복해 보였다. 꿈
속의 내가 부럽다는 생각을 하며 원룸 밖으로 나오니 햇볕이
야단스레 쏟아졌다. 하긴, 봄이 올 때도 되었구나. 햇살 속에서
바라본 1979년식 나의 집에는 어느새 그동안의 내 서사도 묻

어나고 있었다. 나의 집, 내가 그토록 소망하던 단독주택. 비록 낡고 오래되어 손볼 것투성이에 마당이랄 것도 없는 작은 집일지라도.

목 끝까지 쓴맛이 치밀어 오르고 시도 때도 없이 눈물이 난다고 해서 잘못된 선택이라는 뜻은 아니다. 여기까지 왔지만, 다 버리고 떠날 수도 있다고 생각했다. 때로 내 삶은 구속된 것도, 정해진 것도, 무겁게 책임져야 할 것도 없기에 아무것도 아니라는 듯 언제든 다시 시작할 수 있다고 믿었다. 생의 무한한 가능성에 어찌할 바 모르던 시절은 이미 오래전에 지나갔지만 여전히 몽상가 기질인 스스로 보기에는 그랬다. 하지만 그런 허무주의적 태도가 삶의 무게로부터 나를 해방해줄 수 있는 건 아니었다. 내가 정성 들여 감행한 이 선택의 완성만이 비로소 나 자신을 해방할 수 있었다. 다분히 막연하게 그저 알 것만 같은 느낌, 그래 '직감' 정도로 해두자. 그러니 이렇게 엄살을 부린다 해도 결코 도망갈 수는 없었다. 그리고 부동산 사장님의 말처럼 이대로는 팔리지도 않을 터였다.

우울한 기분이 더 이상 부정적인 태도로 번지지 않도록 이 동네의 매력을 탐색해보기로 했다. 내 미감과 맞닿지 못하는 곳에 머무를 때 종종 불편한 감정들이 잘못된 결정을 불러오곤 했기 때문이다. 코로나가 아니었더라면 동물들의 생명력과 스릴 넘치는 놀이기구로 활기찼을 어린이대공원을 한 바퀴 돌고, 소박한 뜰을 감싼 오래된 담장에 서툴지만 정감 어린 손길로 꾸며놓은 벽화를 구경했다. 해맑고 천진한 동심으로 이 동네가 숨겨온 행복한 동화를 낯선 이방인인 내게도 슬그머니 들려주는 듯했다. 지난번 왔을 때는 모든 것이 차갑게 얼어붙어 있던

　　　　　　　　　　　오래된 집의 탐미

빈센트 반 고흐Vincent van Gogh, 〈꽃 피는 아몬드 나무Almond Blossom〉
1890년, 캔버스에 오일, 73.3×92.4cm, 암스테르담 반 고흐 미술관 소장

긴고랑 계곡도 서서히 깨어날 채비를 하고 있었다.

반 고흐의 아몬드 나무처럼 겨울의 끝자락에서 새로운 계절의 도래를 가장 먼저 알려주려고 매화도, 살구꽃도, 복숭아꽃도, 그리고 벚꽃마저 아직은 앙상한 나뭇가지 끝에서 조용히 움을 틔우는 중이었다.

"전에 말했듯 아이 이름은 형 이름을 따서 지을 예정이야. 아이가 형처럼 결단력 있고 용감하게 크길 바라. 그리고 형이 이 아이의 대부가 되어주면 좋겠어."

1890년 2월 생레미 정신 요양원에 입원 중이던 반 고흐는 차마 조카의 대부가 되어달라는 동생의 부탁을 들어줄 수 없다. 그 대신 프랑스 남부의 푸른 하늘을 배경으로 흰색과 연분홍 꽃송이가 화사하게 핀 아몬드 나무를 그려 조카에게 선물했다. 가장 이른 봄, 겨울에서 봄으로 넘어가는 순간에 피어나는 아몬드 꽃은 그 자체로 새로운 생명과 부활의 의미를 담고 있어 축하의 메시지를 전하기에 더없이 적합했다.

고갱과의 말다툼 끝에 자신의 귀를 자르는 극단적인 행동까지 보인 뒤였다. 작업이 잘 풀리지 않을 때면 가끔 물감을 삼키기도 했던 광기의 시절 파리에서 기쁜 탄생의 소식이 전해진 것이다. 그것도 브뤼셀 레뱅 전시에서 자신의 유화 〈붉은 포도밭〉이 400프랑에 팔렸다는 환희의 소식과 함께. 반 고흐는 여느 때보다 평온한 마음과 안정적인 붓 터치로 애타는 희망과도 같았던 37년 인생의 마지막 봄을 캔버스에 쏟아냈다. 기존의 어둡고 강렬한 대비와 차별화되는 밝고 부드러운 색채는 그의 내면에 소생하는 새로운 생명의 기운과 자연 속에서 느낀 순수한 감동을 시각적으로 풀어낸 메타포라 할 수 있다. 나뭇가지

오래된 집의 탐미

들이 화면 밖으로 뻗어나가는 듯한 대담한 구도와 선명한 검은 윤곽선은 반 고흐가 평생 사랑한 일본 우키요에의 영향을 받았으며 그만의 독창적인 방식으로 재해석되었다.

내게 '희망'이라는 단어는 종종 반 고흐의 아몬드 꽃을 떠올리는 일이다. 반 고흐 특유의 굵고 거친 붓질을 닮은 투박한 가지 끝에서 천천히 부풀어 오른 꽃봉오리가 한순간 여리지만 한없이 강인한 생명력을 품은 꽃송이로 만개하는 모습. 그 찰나가 바로 희망의 뉘앙스다. 비록 여전히 뼛속까지 시린 날 선 공기지만 봄이 머지않았다. 이제 막 꿈틀대기 시작한 풀들과 산자락에서 배어 나오는 흙내음까지 생생한 생명의 기운으로 촉촉해졌다. 이사 온 직후 일찌감치 봄을 알려주던 자연의 향취와 그걸 담아낸 반 고흐의 풍경만이 내게 유일한 쉼이고 치유였다.

꽃을 피워내야 한다. 흔하디흔한 소박한 꽃송이라도, 너무 희미해서 콧속에 각인되지 못할 꽃향기라도…… 내 꽃을 피우자.

삶에서 나는 단순한 행복의 감정만을 원하지 않는다. '내가 나로서 존재한다'는 보다 실제적이고 충만한 감각을 바란다. 감히 그런 꿈을 꾸기에 큰 행운이나 천재성을 타고나지 않은 나 같은 평범한 사람에게 온 이 정도의 시련쯤은 견뎌내야 한다. 그러지 않으면 결코 그 염원의 대상을 가질 수 없다는 것쯤은 알게 되었기에. 이렇게 새로운 곳으로 터전을 옮기며 소란스러웠던 내 감정과 행위는 일단락이 났다. 그리고 벌써 또 변덕을 부려내 희망을 품고 간절히 나의 집을 완성해줄 시공팀을 찾았다.

행운은 예기치 못한 곳에

"나에게 회화는 파괴의 결합이다.

나는 그림을 그리고, 그것을 파괴한다."

— 파블로 피카소

이번 업체는 분명히 뭔가 달랐다. 실장부터 팀장은 물론, 디
자이너 1, 디자이너 2, 디자이너 3까지 벌써부터 많은 인원이
투입되어 프로젝트에 공을 들이는 듯 보였다. 대단히 존중받고
있는 느낌이랄까. 나도 드디어 클라이언트 반열에 올랐구나 싶
은 당당한 갑의 자세! 그럼 그럼, 들일 돈이 얼마인데. 무엇보다
나의 직업과 이 집에 대한 소개를 유명 인테리어 잡지에, 그것
도 무려 4페이지의 지면을 할애하여 실어준단다. 이 정도 기사
가 실리려면 몇백만 원은 훌쩍 든다는 뜬구름 같은 풍문을 익
히 들어 알고 있었기에 처음엔 오히려 어안이 벙벙할 지경이었
다. 이제야 모든 게 제자리를 찾아가는구나. 이런 행운이 깃들
려고 여태껏 내게 사나운 시련이 마구 엄습했던 거야?

이렇듯 행운은 예기치 못한 곳에 있었다. 지층 원룸에 돌연

오래된 집의 탐미

출현한 내 엄지손톱보다 큰 바퀴벌레를 보면서도 배시시 웃음만 흘러나왔다. 아니 바퀴벌레가 유유히 대낮에 출동해도 돼? 순간 아주 유연하고 기민한 몸놀림으로 책을 던져 바퀴벌레를 잡았다. 괜찮아, 출동해도 돼! 어차피 잠시 머물다 금방 떠날 곳, 노 프라블럼이라고. 잡지라니! 유명 인테리어 잡지에 나와 나의 집이 소개될 수 있다니! 이마저도 불온한 설렘은 아닐까. 내겐 현실감이 떨어질 정도로 완벽했다. 이 업체는 정말로, 분명히, 뭔가 달랐다. 지역 상권을 분석해 이 동네 주민과 미래 수요자의 니즈에 부합하는 리모델링을 해야 한다며 집 매매가에 적정한 공사 예산까지 산출해주며 마치 한국주택공사에서나 일하는 스페셜리스트의 화법을 쓰고 있었다. 맞지, 맞아! 이 분석, 굉장히 근거 있고 맥락 있고 논리적이고 심지어 과학적이기까지 해. 혹시 천상에서 흐르는 음악 소리인가? 연인이 속삭이는 나지막한 아다지오 음률의 밀어조차 이보다 더 감미로운 순 없었다. 부동산 투자 분야에 무지한 내 두 귀가 미혹되어 발그레 상기되고 말았다.

여기까진 참 좋았다. 그런데 업체 나름의 다사스러운 일정 탓에 첫 미팅 이후 일이 좀처럼 진전되지 않았다. 가끔 입술이 바싹 마를 만큼 애도 탔지만 기다릴 순 있었다. 잡지가 걸려 있는데 그깟 시간쯤은 조금 더 흘러도 되었다. 내 애간장이야 조금만 더 녹아내리면 그만이고 잔주름 몇 개 더 늘어난다고 크게 문제 될 것도 아니니까. 이미 지난 거사들로 인해 한껏 못생겨져버렸으니까.

사실 이즈음에 나는 일전 고사했던 '향수 쇼룸 프로젝트'에 내 모든 물리적 시간과 영감의 에너지를 응축하고 있었다. 작업을 할 수 없는 상황이라는 조심스러운 거절에도 클라이언트는 내가 꼭 맡아줬으면 좋겠다는 감사하고도 다소 간곡해 보이는 연락을 보내왔다. 그 간곡의 수치만큼 처음 제안했던 조건보다 훨씬 근사한 금전적 대가도 덧붙여졌다. 게다가 작업 기간도 단 한 달, 길어야 한 달 반이었다. 나의 집 리모델링을 위한 완벽한 시공 업체마저 찾은 시점이었으니 지난 몇 달 사이 훌쩍 치솟아버린 자재비와 인건비를 감당해낼 창구도 마련해야 했다. 그리고 솔직히 얼마만의 대형 프로젝트인가. 이성적으로만 보자면 안 하겠다 고집부리는 내가 오히려 이상해 보일 지경이었다. 무無에서 시작해 콘셉트 기획부터 인테리어 공정 디렉팅, 그리고 마지막 VMD(비주얼 머천다이징)까지, 어느 것 하나 내 손길 닿지 않을 곳이 없어 나의 영혼마저 잠식할 게 뻔했지만, 분명 나를 또 한 번 성장시킬 터였다. 언제나처럼 중독성 짙은 애증인 셈이다.

나는 모든 이들이 지닌 저마다의 감성과 취향, 그리고 브랜드 철학을 진심으로 애정하고 존경한다. 시각적으로 직관적인 미감을 지닌 동시에 그런 보이지 않는 고유한 관념이 풍요롭게 공존하는 공간을 만들고자 정교하게 집중한다. 규모나 예산, 용도에 상관없이 어떤 공간을 기획하고 연출하더라도(단 몇 시간 만에 사라질 공간일지라도) 클라이언트의 가치관을 바탕으로 콘셉트를 수립하고 내러티브를 오감으로 구현하는 과정을 즐긴다. 공간을 창조한다는 것은 내 시선으로 타인의 삶을, 브랜드라는 가상의 자아 정체성을, 그리고 그들의 더 나은 내일을 상상하는 행위와 같다.

좀 더 분명한 콘셉트를 찾기 위해 내가 꼭 거치는 과정이 있다. 시공할 공간과 클라이언트에 대해 다소 사적일 수도 있는 궁금증을 빼곡히 질문하고 레퍼런스로 삼을 만한 작은 단서라도 포착된 곳이 있으면 반드시 찾아가 직접 감각하며 자료를 수집하는 일이다. 질문지에는 "이 공간에 바라는 최고의 가치는 무엇인가요?"와 같은 기본적인 물음부터 "지금껏 가장 매혹적이었던 여행지는 어디인가요?" "혹시 세계사나 한국의 역사 속에서 한 번쯤 살아보고 싶은 시대가 있나요?" 등 예상치 못한 질문이 담겨 클라이언트를 당혹스럽게 만들기도 한다. 집요하게 육하원칙을 파고 들어가 결국 최고의 디자인 경험을 선사하는 것. 나는 이런 것들이 진심으로 궁금하고, 또 내 작업에 무엇보다 중요한 요소라고 믿는다. 그래서인지 확고한 취향과 가치관을 공간에 담고 싶은 사람들이 자연스럽게 나를 찾는 경향이 있다. 그들에게 미묘한 이국적 감성과 예술적 깊이를 더해, 조화롭고 독창적인 라이프스타일 공간, 자신만의 정체성이 깃든 공간을 완성해주고 싶다.

"쇼룸을 찾는 고객과 나누고 싶은 궁극적인 경험은 무엇인가요?"

'몰입'이라 했다. 향수와 그 섬세한 향기의 층위, 그리고 그 향을 함께 즐기며 곁에 있는 이와 자연스럽게 이어지는 교감. 햇살과 그늘이 지어낸 편안한 풍경 속에서 전개되는 모든 경험에 대한 몰입.

나 또한 내 성장을 견인해줄 가치 있는 것에 몰입하고 싶어 집 리모델링을 결심했기에 그 답변은 내 마음을 돌려놓기에 충분했다. 오롯이 몰입하는 순간만은 외롭지 않았다. 내가 지금 '삶을 살고 있구나' 하는 드문 생존의 희열마저 안겨주었다.

집 리모델링 작업에 미련 없이 몰입하고 나면, 한바탕 남김없이 토해내고 나면 다시 잘 살아갈 수, 아니 평생 처음으로 제대로 살아갈 수 있을 듯했다. 코로나로 엉망진창이 되어버린 매출, 나르시시스트에게 쪽쪽 빼앗겨버린 내 수분과 유분까지 다시 되찾은 채로.

몰입은 깊은 내면을 흔들어 깨운다. 프루스트의 소설 《잃어버린 시간을 찾아서》에서는 주인공이 마들렌을 라임꽃차에 적셔 먹는 순간 잊고 있던 어린 시절의 기억이 불현듯 되살아나는 장면이 등장한다. 이 비자발적으로 소환된 기억은 의식적으로 떠올릴 수 없었던 과거의 여러 경험과 연결되며 주인공이 잃어버린 시간을 다시 발견하는 출발점이 된다. 향은 시간과 공간을 넘나들며 우리에게 어디로든 갈 수 있는 날개를 달아준다. 추억하는 과거, 감각하는 이 순간, 갈망하는 미래까지도.

향수는 기억 속에 행복을 각인시키는 무형의 언어다. 조향사의 정교한 기술과 창의성이 결합되어 개별적인 향기 분자가 저마다 고유한 향으로 직조된 예술적 표현물과도 같다. 아직은 아무것도 없는 텅 빈 매장에 브랜드의 정체성을 이야기로 입히고 향香과 시간의 심상心象에 자유롭게 몰입할 수 있는 경험의 미장센을 디자인해보고 싶었다. 프랑스 남부 그라스의 미모사, 토스카나의 아이리스, 모로코의 네롤리……. 마치 세상에 존재하는 모든 향을 맡고 있는 듯한 기분마저 드는 어느 향수 수집가의 탐미적인 자연 정원. 그곳에서 나만의 향수를 찾고 그 향수와 나의 체취가 만나 특별하고도 유일한 화학적 결합을 일으키며 삶의 일부가 되어가는 여정을 제안했다.

이 쇼룸 프로젝트는 자기 복제 같은 작업이었다. 나의 사사

오래된 집의 탐미

로운 집을 위해 구상한 공간 콘셉트와 구체적인 시공 이미지를 그대로 상업 공간에 형상화했다. 처음부터 클라이언트가 이 방향성을 마음에 들어 했고, 그 덕분에 나도 내 공간처럼 더 몰입할 수 있었다.

대부분의 사람이 '인테리어'라 하면 도면을 그리고 공사하는 이미지를 연상하지만 내가 맡고 있는 인테리어 공정 디렉팅의 역할은 조금 다르다. 인테리어 시공은 벽체 설치, 바닥 마감, 전기 배선 작업, 페인팅 등 물리적인 작업과 기술적 실행에 초점을 맞추며 설계된 디자인을 실제로 구현하는 데 중점을 둔다. 반면 인테리어 공정 디렉팅은 프로젝트의 전반적인 기획과 지휘를 담당하는 역할이다. 클라이언트의 요구를 분석해 콘셉트를 설정하고 시공팀을 조율하며 프로젝트가 원활하게 이루어지도록 총괄한다.

내 작업은 주로 살기 편안한 주거 공간보다 개성 넘치는 상업 공간, 전시 디스플레이, 시즌 연출, 이벤트 테마 공간에 초점을 맞춘다. 공간을 예술적 매개 삼아 방문객에게 감각적이고 창의적인 경험과 메시지를 전달하는 몰입형 환경을 창조하는 일이다. 그래서 나는 '인테리어 디자이너'가 아니라 '공간 디렉터' 또는 '공간 연출가'라고 스스로의 정체성을 정의한다.

길어야 한 달 반이면 끝날 거라 기대했던 프로젝트는 석 달이 지나서야 겨우 마무리됐다. 자정을 훌쩍 넘겨 일을 마치고 드디어 내일이면 오픈할 쇼룸을 천천히 둘러보았다. 지중해 태양에 바랜 듯한 고풍스러운 철제 장식 나무문, 유적지의 폐허처럼 연출한 붉은 벽돌의 잔해, 구름을 형상화한 프리저브드 행잉 오브제, 마치 내 물건을 구하듯 신나서 수급한 모든 가구와 소품……. 애정을 폭우처럼 쏟아부어 만들어낸 공간은 꽤 당당한 자부심으로 빛나는 듯 보였다.

그 순간, 형언할 수 없는 아쉬움이 몰려왔다. 내게서 사라질 것들, 잃어버릴 것들. 처음부터 내 것이 아니었음에도……. 말하자면 고질병이다. 아무리 공을 들여도 대가를 받고 나면 나와는 상관없어지는 타인의 공간 대신 내 것이라고 당당히 말할 수 있는 공간 하나쯤은 만들어보자고 또 한 번 결심했다. 이번엔 허망하게 사라지지 않는 나만의 세상을 구체화할 차례였다. 그리고 내가 클라이언트의 철학과 미감을 고스란히 투영해온 태도를 나의 집 시공 업체에도 자연스럽게 기대했다.

드디어 업체도 그동안의 말만큼이나 몰입할 태도를 보였지만 이내 큰 이슈에 봉착하고 말았다. 내가 전달한 200페이지가 훌쩍 넘는 피피티 문서와 집의 콘셉트부터 컬러, 도어, 바닥, 수전 등 항목별로 세심하게 분류된 수백 장의 사진을 받은 업체가 피드백을 건넸다.

"대표님이 보내주신 건 단 5퍼센트만 좋아할 디자인이네요. 집이 잘 팔리려면 95퍼센트가 선호하는 디자인이어야 할 텐데요. 일단 어느 쪽에 방향성을 둘지 먼저 고민해보시는 게 좋겠어요."

당연하지! 내가 만들고 싶은 집은 근본적으로 상업 공간의 화법을 담은 주거 공간이었다. 그러니 분명 극소수만이 좋아할 수밖에 없었다. 하지만 그 당연함이 어이없게 흔들리는 내 기류를 감지했는지 조언을 줄 수 있는 건축가와 함께 조만간 방문하겠다는 친절한 코멘트도 아끼지 않았다.

내가 오롯이 좋아하는 것들로 구성된 마이너한 집과 대부

오래된 집의 탐미

분의 사람들이 선호하는 메이저한 집. 취향이라느니, 가치관이라느니, 철학이라느니. '나를 담은, 나를 꼭 닮은 공간'을 만들어내겠다며 덜컥! 이리도 큰 판을 벌려놓았건만 이제 와서 근본적인 고민이라니. 단순히 노후 주택 하나 리모델링해서 시세차익을 보려고 시작한 일도 아닌데. 그럼에도 불구하고 조금이라도 시간의 공백이 생길 때면 하루에도 수십 번씩 혼자 이랬다저랬다 갈팡질팡 되지도 않는 가능성을 공상하며 내 머리를 어지럽혔다.

고백할 수밖에……. 나는 이제 자신이 없어졌다. 녹록지 않은 상황에 맞서 실상은 허세뿐인 자기 최면 상태를 호기롭게 유지하기가 벅찼다. 어떤 형태로든 빨리 이 습한 지층 원룸을 벗어나 '나의 집'에서 다시금 안정된 삶을 살고 싶었다. 그 집이 인테리어 잡지에 실려 나란 사람의 브랜드 가치를 높여주고, 그러다 운 좋게 집이 잘 팔리면 다시 가로수길로 돌아갈 수도 있을 테지. 이것만이 내가 이 고난을 극복할 현실적인 구원책이었다.

코로나가 돌고 돌던 감염과 격리의 시절, 또 어쩔 수 없는 몇 주의 기다림 끝에 건축가와의 반가운 만남이 성사됐다. 본인의 아파트를 자신이 선호하는 미드센추리 스타일로 리모델링해 살고 있다는 리빙 스타일리스트도 함께였다. (안타깝게도 그 개성 있는 아파트는 좀처럼 팔리지 않고 있단다.) 한동안 자리에 모인 넷이 각자 자기만의 언어로 자신만의 의견을 동시에 목청 높여 주장하는 대단한 논쟁의 시간이 이어졌다. 3월 이른 봄볕의 아직은 성긴 대기 사이로 그 강한 어조의 말들이 날카롭게 튀어 올라 별 볼 일 없이 허공으로 흩어지곤 했다.

"그래서요? 어떤 게 낫다는 거예요?"

"대부분의 사람들이 좋아하는 집이요."

어머나! 동시에 하나의 목소리로 명징한 합일을 이룬다.

좋아요, 각 분야 전문가들의 소중한 경험이 담긴 의견을 들어보니 그렇게 하는 게 좋겠어요. 살기 편한 구조의 대중적인 디자인으로 저도 편하게 '잘' 살다가 좋은 가격으로 '잘' 팔고 '잘' 떠나겠어요. 심지어 업체 수장은 내게 "이제부터는 아무 걱정 마시고 다음번 이사할 곳이나 찾아보시죠"라며 하하하 웃었다.

"하하하, 너무 좋아요. 주변을 산책하다 보니 요 옆 광장동이 너무 마음이 들고…… 한강도 가까이 있고……"

아름다운 순간이었다. 이렇게만 한다면 리모델링을 마치자마자 금세 높은 가격으로 거래될 것 같았다. 그러나 그들이 건네준 1차 시안은 놀랍도록 마음에 들지 않았다.

'엥? 이게 모든 사람이 좋아할 디자인이야? 그 반드시 해야 한다던 지역 분석은 어디에 적용된 거지? 하긴 한 거지……?'

2차 시안도 1차 시안 못지않게, 물론 3차 시안도 2차 시안 못지않게 앞서거니 뒤서거니 옹색한 자웅을 겨뤘다. 결국 대중에게 호소력 짙다는 그 디자인은 갈피를 잃고 나날이 이상해져 갔다. 시간도 무섭게 흐르고 있었다.

다시 한 번 방향을 손보아야 할 시점이었다. 자신이 옳다고 믿는 신념을 끝까지 밀어붙이는 힘, 타인의 시선이 두려울 때 용기를 주는 예술가. 그래, 지금 내겐 피카소가 필요했다.

스페인 바르셀로나 사창가의 매춘부들을 그린 피카소의 〈아비뇽의 처녀들〉은 20세기 입체주의 탄생을 예고하는 기념

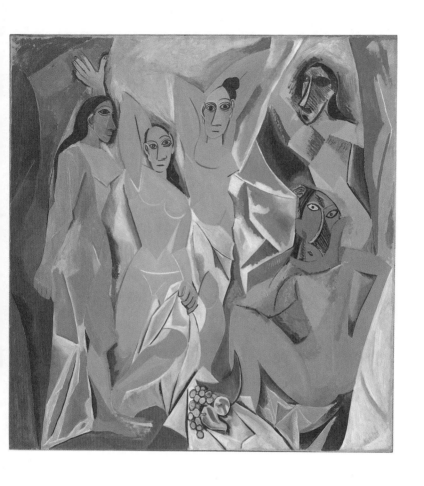

파블로 피카소Pablo Picasso, 〈아비뇽의 처녀들Les Demoiselles d′Avignon〉
1907년, 캔버스에 오일, 243.9×233.7cm, MOMA 뉴욕 현대 미술관 소장

비적 작품이다. 원근법과 명암법 등 미술이 지녔던 모든 관습적인 형식을 과감히 포기하고 삼차원의 다초점 관점에서 사물을 표현했다. 이차원의 평면에 인물을 기하학적 형태로 재조합함으로써 피카소는 인간의 육체를 낭만화하고 해부학에 입각하여 인체를 묘사해온 수 세기에 걸친 예술 전통을 깨부순 것이다. 단순한 형태, 각진 평면, 왜곡된 비례와 구성은 사물을 원기둥으로 보았던 폴 세잔과 이베리아와 아프리카 원시 조각의 미학을 고스란히 드러낸다.

1907년 완성된 〈아비뇽의 처녀들〉은 남성을 유혹하는 아름다운 여인의 이미지 대신 기괴하고 혐오감을 주는 매춘부의 나체를 담아 당시 대중과 동료 예술가들에게 큰 충격을 던져주었다. 피카소는 이 논쟁적 그림을 전시할 곳을 찾지 못해 1916년까지 파리 몽마르트르 작업실인 세탁선에 보관할 수밖에 없었다. 심지어 동료이자 경쟁자였던 앙리 마티스는 이 작품을 지나치게 급진적인 현대 미술 운동에 대한 도발로 보며 강하게 비판했다.

하지만 피카소는 자신의 이 예술 표현 방식이 '맞다'고 확신했다. 미술의 전통을 해체한 피카소……. 물론 내가 이 집을 대단히 혁신적인 디자인으로 만들어보겠다는 의도는 절대 아니었다. 감히 그런 능력도 안 되는 생각은 해본 적이 없었다. 다만 나는 내가 좋아하는 방식, 내게 필요한 집이라는 공간의 형태를 자신 있게 만들어가고 싶었다. 남들이 모두 내가 그리고 있는 집은 실제로 살기도 불편하고 나중에 팔리지도 않을 거라고 충고했지만, 그 말에 흔들림 없이 내가 행복한 집을 온통 내 방식대로 꾸며놓고 살고 싶었을 뿐이다. 왜 집이 모두 똑

같아야 하지? 거기에 살고 있는 사람은 모두 제각각인데.

"아무래도 이건 아닌 것 같아요. 그냥 처음의 제 콘셉트대로 갈게요."

그들에게는 지난 작업이 무색했을 나의 그 잔인했을 말, 아니 짜증 났을 말…… '그런데 정말이지 그 디자인들은 모조리 별로였어요. 도저히 설득되지 않더군요. 그리고 당신들이 다른 일로 바빴다는 걸 저는 알고 있었어요.' 나는 말을 속으로 삼켰다. 아름다운 순간은 벌써부터 지고 있었다.

욕망이 드리워진 철거 현장

"주님께서는 그들을 거기에서
온 땅으로 흩어버리셨다.
그래서 그들은 그 성읍을 세우는 일을 그만두었다."

— 〈창세기〉

4월 하순, 벚꽃도 철쭉도 하릴없이 다 져버리고 지층 원룸
엔 존재하지 않는 봄볕마저 어느새 익숙해질 무렵, 인테리어
시공 업체와 첫 미팅을 한 지 거의 3개월 만에 철거를 진행했
다. 설계 도면과 예산이 결정되기도 전에 철거 먼저, 아니 '철
거만' 했다. 그때는 이 일이 나에게 어떤 의미인지, 그리고 얼
마나 이 리모델링 과정을 더 지난하게 만들지 전혀 감지하지
못했다. 그저 드디어 시작을 한다는 것에 오랜만에 녹진한 안
도감을 느꼈다.

물론 나도 동의했다. 오래된 집의 낡은 마감재 뒤에 숨겨
진 그 실체가 궁금했으니까. 페인트 색상 넘버까지 지정된 세
부 디자인 구성안과 수많은 자료 사진을 건넸는데도 도면도 예
산도 차일피일 늘어지고 있었다. 애초 찾아다녔던 것처럼 오래

오래된 집의 탐미

된 단독주택 리모델링 시공은 이 분야에 노하우를 지닌 곳이어야 하지 않을까 싶은, 저 심연 깊이 처박아놓은 의구심이 자꾸만 스멀스멀 피어올라 뭔가 애매하게 나를 혼란스럽게 했다.

과연 이곳이 난이도 높은 오래된 나의 집을 잘 풀어나갈 수 있을까? 포트폴리오를 살펴보면 비슷비슷한 구성의 아파트 인테리어가 대부분이던데. 몇 달 전 첫 미팅 때 곧 착수할 예정이라던 용산의 구옥 단독주택 공사는 보아하니 이미 날아간 눈치였다. 더한 비극은 프로젝트 담당자로 알고 있던 팀장급이 언제부터인가 회의에 얼굴조차 내비치지 않는다는 다소 요상한 전개인데, 대신 경력이 한참이나 미미해 보이는 생기발랄 앳된 디자이너 두 명이 번갈아가며 각기 다른, 때로는 같은 질문을 짧은 시차를 두고 해오곤 했다.

"저희 둘 다 단독주택 리모델링이 처음이라 너무 기대돼요. 열심히 준비하고 있어요."

'아휴, 그런 말 말아요. 덜덜덜……. 여기가 무슨 실습 현장도 아니고…….'

나는 고작 속으로만 웅얼댈 뿐이었다.

시크한 척 오지랖 장착하고 디저트와 커피까지 사주며 화기애애 '화이팅!'을 외쳤지만 실력을 평가하기 이전에 그들의 무책임한 태도는 내게 적지 않은 실망감을 심어준 채 자꾸만 심장이, 머리가, 가슴이 서늘해져만 갔다. 불안이라는 단어를 웬만하면 쓰고 싶진 않았지만 그게 내 본심이었고 어떤 경고였다는 뒤늦은, 많이 뒤늦은 판단이 들었다. 우리는 보통 그걸 전조前兆라 부르곤 한다. 그런 음울한 전조를 느끼면서도 예정대로 진행할 수밖에.

통탕통탕, 아자자작, 쨍그랑, 쿵쾅쿵쾅, 와장창창, 데구루루. 집이 숨겨온 본모습을 서서히 드러내기 시작했다. 이 공간의 철거 가능한 온갖 것을 모조리 없애버리겠다는 결연한 의지 아래 찢길 듯 요란한 소음이 파편에 뒤섞여 살벌하게 터져나갔다. 그 인정 없는 난도질은 마치 오랜 세월 이 집에 표류하던 과거의 망령마저 추방시키려는 듯 격렬하다 못해 광폭할 지경이었다. 행여 이러다 오만 곳이 부서지면 안 되는데 싶은 소심한 우려도 잠깐, 구석구석 신기하게 변해가는 나의 새로운 집을 탐험했다.

보존하고 싶던 거실의 무늬목 천장과 벽 매립 나무 책장은 흔적도 없이 사라졌다. 천장 위 다락을 받치고 있던 나무판자 바닥은 장판을 걷어내고 보니 너무 심하게 썩어 있어 그대로 사용하기엔 위험했다. 물론 아쉽게도 거실 천장이 사라짐과 동시에 비밀스러운 은신처 같던 다락도 완벽히 자취를 감추고 말았다. 1970년대 한국 주거 문화를 상징하던 야트막한 경사 지붕 아래의 다락방. 그러고 보니 이 집은 애초부터 미로 같았다. 사라진 옛 미로 대신 이 집에 새로운 버전의 미로를 만들어야겠다는 생각이 들었다.

그런데 다락이 사라진 거실에 그 누구도 예상치 못한 높은 박공 천장이 모습을 드러냈다. 뭔가 뻔하지 않은 공간이 될 수도 있겠구나 싶은 절제할 수 없는 기대감에 요 몇 달 좀처럼 느껴지지 않던 야릇한 흥분도 일었다. 저 자리에 다락 대신 복층을 구상해봐야겠어! 1층 천장고를 조금만 낮추면 허리를 구부정하지 않고도 충분히 설 수 있는 높이가 나올 것 같았다. 순식간에 급진적으로 전개된 이 모든 상황이 마음에 쏙 들었다. 이

오래된 집의 탐미

집이 드디어 엄혹했던 오랜 침묵을 깨고 나에게 무한한 시각적 가능성을 건네며 다정해지려 하고 있었다. 우리가 드디어 친해지려나 봐. 박공지붕은 철거 전엔 결코 상상해낼 수 없었던 중요한 디자인의 변곡점이 되었다. 다락이 사라진 거실의 황량한 모습을 바라보고 있으려니 이 집을 향한 내 욕망의 부피가 갑자기 대책 없이 부풀어 올랐다. 예산이라는 현실의 질량은 변함이 없는데도 제멋대로 마구마구 불가능에 가까운 바벨탑을 쌓아 올리기 시작했다.

무수한 노동자와 석공들이 군주의 고압적인 감독 아래, 분주히 거대한 구조물을 건설하고 있다. 로마의 원형극장을 닮은 탑은 광활한 도시 전체를 눌러버릴 기세로 우뚝 솟아나며 사람도 자연물도 하찮은 존재로 대비시킨다. 그러나 높고 거대한 탑을 쌓아 하늘에 닿고자 했던 인간들의 오만한 행동에 분노한 신은 하나였던 그들의 언어를 여럿으로 나누는 저주를 내렸고, 끝내 불신과 오해 속에 서로 다른 언어를 가진 채 전 세계로 뿔뿔이 흩어지게 했다. 이 이야기는 왜 우리가 각기 다른 언어를 사용하게 되었는지 그 이유를 설명해주는 기원 신화이자 풍부한 은유인 셈이다.

구약성서 속 바벨탑의 배경은 메소포타미아 평원 바빌로니아 지방이지만 브뤼헐은 자신이 활동하던 16세기 플랑드르 안트베르펜의 바닷가로 자리를 옮겨 우뚝 솟은 돌산 위에 바벨탑을 형상화했다. 그의 작품에서 바벨탑 건설에 사용된 각종 기계도 당시 안트베르펜에서 실제로 사용한 도구를 그대로 묘사한 것이다. 다양한 인물 군상과 집과 건물이 빽빽하게 들어선 도시 풍경을 후경까지 매우 세밀한 필치로 표현해냈다.

피터르 브뤼헐 더 아우더Pieter Bruegel the Elder, 〈바벨탑The Tower of Babel〉
1563년, 패널에 오일, 114×155cm, 빈 미술사 박물관 소장

북유럽 르네상스의 대표적인 화가 피터르 브뤼헐은 평범한 농민의 삶과 사회적 모순을 주제로 날카로운 풍자와 비판적 시각을 담은 작품을 많이 남겼다. 브뤼헐의 시대는 정치적 불안과 종교적 갈등이 극심한 때였다. 그는 이러한 시대적 상황을 바벨탑에 투영하며 인간의 과도한 권력 욕망과 제국주의적 팽창을 비판했다. 특히 이 시기 유럽은 합스부르크 제국의 지배 아래 놓여 있었고 그들의 확장 욕망과 중앙 집권적 통치는 브뤼헐의 눈에 바벨탑의 오만함과 흡사해 보였을 것이다.

미완으로 그려진 브뤼헐의 바벨탑은 결국 인간의 욕망이 성취되지 못할 것이라는 비극적 예감을 담고 있다. 구름에 닿을 정도로 끝 모르게 점점 높아지고 있던 바벨탑 건설이 결국 혼돈 속에서 막을 내렸듯 문득 이 집에 대한 나의 기대 또한 불안해졌다. 과연 어디까지 꿈을 꿔도 되고 어디서부터는 감히 그래서는 안 되는 과욕이 되는 걸까? 아무리 고민해보아도 그 경계를 알아차릴 수는 없었다.

하지만 불가능에 가까운 세계를 만들고자 하는 인간의 태도는 예술과 자신의 한계를 극복하며 나아가는 삶의 지속적 원천이 되어왔다. 바벨탑은 행복을 바라는 이들이 품은 본질적인 욕망의 단상이다. 그러니 불안은 잠시 미뤄두고 아직 채 발견하지 못한 이 집의 가능성을 계속해서 탐험해나간다.

큰방과 작은방 역시 목재 너머 숨겨왔던 지붕의 형태를 고스란히 드러냈다. 그리고 다소 엉성하게 쌓여 있는 시멘트 벽돌도 보였다. 저 벽돌은 가능하면 모두 살릴 계획이다. 공사비를 줄이기 위해서라도 내부의 많은 면적을 기존 상태로 노출시키며 너무 매끈하지 않은 마감으로 빈티지라는 키워드를 완성하고 싶다.

집의 구조는 그 안에서 살아가는 인간의 삶을 어떤 식으로든 한정 짓기 마련인데, 이 뻥뻥 뚫린 공간을 바라보고 있자니 집이 가진 고정된 관념에서 벗어나 조금은 더 자유로운 형태의 집에서 살 수도 있겠구나 싶은 생각에 묘한 해방감마저 느꼈다. 어쩌면 그동안 그토록 걷어내고 찢어발기고 싶었던 건 그저 나 자신이었겠구나 싶은 상념마저 함께.

"폐기하지 말고 보관해달라고 요청한 방문이랑 창문 단조 어디에 있어요?"

"철거팀에 연락해볼게요……. 아, 버렸다는데요?"

정교한 나무 문양이 새겨진 천장, 외벽을 감싸던 붉은 타일, 격자형 창문 속 섬세한 나무 문살, 고풍스러운 체리색 목문과 금속 단조까지……. 이제는 흔히 볼 수 없기에 더욱 매력적으로 느껴졌던 과거의 흔적들. 1970년대 한국의 주택은 실용성과 장식성을 절묘하게 아우른 디자인으로 그득했다. 철제 창문 단조는 방범창인데도 꽃과 잎사귀 모티프, 기하학적 문양의 패턴을 사용해 집의 외관을 우려하게 단장했다. 나무 문과 문틀은 조각과 몰딩을 더해 수공예의 아름다움을 살렸고 격자형 창문에는 투명 유리 대신 무늬가 돋을새김된 장식 유리를 넣어 집에 미적 생동감을 불어넣었다. 이런 요소는 당시의 건축미학과 삶의 공간을 더욱 아름답게 꾸미려는 생활 방식이 반영된 독특한 시대상이었다.

이 귀한 디테일이 내가 한껏 용기 내 꿈꾸는 공간에 유의미한 의미로 남겨지길 원했지만 1979라는 숫자는 너무 먼 과거였다. 지속적으로 사람들의 이해를 구해야 했고, 추후 그 숫자가 합의하는 엄청난 공사비 증폭 또한 나는 감히 상상해내지 못했다.

"그거 어차피 너무 낡아서 못 쓰는 거 아니었나요?"

공감하지 못하는 두 개의 이질적 언어. 우리는 서로의 언어를 해석하지 못한 채 각자의 말만 하고 있었다. 바벨탑의 경고인가. 철거 후 가림막조차 없이 현장을 떠난 업체의 성의 없는 태도에도 내가 무엇을 더 기대할 수 있을까. 하필 클라이언트 미팅이 있어 끝까지 철거 현장에 머물지 못한 내 상황이 아쉽기만 했다.

황폐해진 우리 집 때문인지, 아니면 복잡한 심경 탓인지, 오늘따라 이 골목이 유난히 어수선하게 느껴졌다. 왠지 미안한 마음에 하루라도 빨리 리모델링 공사를 끝내야겠다는 결심을 다졌다.

때로 집들은 보존된다. 때로는 견뎌내기도 한다. 그리고 그 집의 가치를 발견한 누군가의 손길을 통해 재생되고 재해석된다. 내부를 다 걷어냈다 해도 이 집의 외관은 페인트칠만 새로 하는 정도로 그칠 계획이기에 근 50년에 달하는 세월의 더께는 여전할 거다. 하지만 더 이상 흔적을 지워내지 않아도 된다. 남겨진 오래된 주택의 옛 건축 요소와 현대적 감각이 교차하는 독특한 공간이 될 테니까. 그걸로 충분하다. 다시, 디자인을 수정해나간다.

그새 벌써 산화된 꿈

"차라리 한때 적막할지언정
만고_{萬古}의 처량함은 취하지 말라."

—《채근담》

완전한 무_無의 상태로 돌아간 나의 집. 그 텅 빈 가능성의
공간을 매일같이 찾으며 해가 뜰 때, 해가 중천일 때, 그리고
해가 기울기 시작할 때 조금씩 달라지는 태양의 방향과 화창한
날, 흐린 날, 비가 오는 날 제각기 다른 색감으로 공간 안에 스
며드는 빛의 형상을 관찰한다. 구석구석 종일 여기저기를 거닐
며 마치 묵상이라도 하듯 이곳에 살고 있을 나의 이미지를 그
려본다. 여기서 어떤 아침을 맞이하고 싶은지, 어떤 책을 읽고
어떤 음악이 흘렀으면 싶은지, 어떤 향을 피우고 싶은지, 어떤
창조적인 작업을 하고 싶은지, 어떤 모습으로 잠이 들고 싶은
지. '어떤'이란 질문에 넘쳐나는 '싶은지'에 대한 내 오랜 간곡
한 염원들……. 여기에 어떤 사람들을 초대하고 싶은지, 그들
에게 어떤 차를 내어주고 싶은지, 그들과 어떤 식탁을 준비하

고 싶은지, 그들과 어떤 이야기로 소통하고 싶은지, 그들과 어떤 가치 있는 일들을 만들어가고 싶은지 나 자신에게 묻고 또 물었다.

단순히 거주만을 위한 집을 원한 게 아니었기에 나의 공간이 나뿐만 아니라 다른 누군가에게도 정서적 안식처가 될 수 있는 곳이기를 바랐다. 폐쇄적인 집이라기보다는 관계를 맺고 확장하는 열린 작업실이랄까. 나와 비슷한 취향과 가치관을 지닌 사람들이 얼기설기 얽혀 서로의 라이프스타일을 공유하며 기쁘게 성장하고 외로움도 희석할 수 있는 곳. 현재의 시간 속에 풍요롭고 단단한 내러티브를 지닌 곳. 18평이 채 안 되는 좁은 실내공간이지만 저 부쩍 높아진 박공 천장과 여기저기 기이하게 뚫려버린 벽들로 상상할 거리는 넘쳤다.

자, 이제는 시야를 밖으로 옮겨 이 집을 에워싼 조붓한 골목에 부유하는 유무형의 대기도 살펴본다. 저 가느다랗게 흐르는 골목길에 닿은 내 시선 끝에 초록의 아차산이 파란 하늘과 조응하며 선명하게 그리고 생각보다 부쩍 가까이 낮고 부드러운 구릉처럼 걸려 있는 게 보인다. 자연 가까이 산다는 것에 별다른 기대감이 없었는데 이렇게 슬쩍 바라만 보아도 포근하고 든든한 마음마저 이는 걸 보니 이제는 이 아차산 자락이 나의 동네가 되긴 했나 보다.

오전 여덟 시가 되면 앞집 빌라 아가들의 등원 준비로 차 소리가 부산스레 부릉거리고 정오가 막 지나면 어르신들의 느긋하고도 짧은 산책이, 오후 다섯 시가 되면 어김없이 쨍그랑 맑은 종소리를 울리며 두부 파는 아저씨가 골목에 등장한다. 종일 오고 가는 사람들도 택배 차량도 은근히 적지 않은 광경이 시끄럽다기보다는 오히려 생동감이 감돌아 덩달아 덜 외로워지는 느낌이다. 나의 새로운 동네는 적막한 곳이 아니었네. 변두리는 왠지 쓸쓸할 거라는 내 해묵은 선입견이 또 하나 부서진다.

그렇게 며칠 동안 폐허의 잔해 같은 공간에서 내 몸과 내 마음이 감각할 미래의 모든 것을 바탕으로 디자인을 수정해 업체에 건넸다. 그런데 묘하게 찜찜했다. 나름 희망으로 신나게 들떴었는데 마음 저변으로 여전한 불안감이 음산하게 흐르는 게 기분 나쁘게 신경 쓰였다.

예산! 지금껏 한 번도 받아보지 못한 예산이 설마 덫이 되는 건 아니겠지. 게다가 비용이 얼마 더 들지 않을 거라는 말 아래 무리하게 철거한 곳도 있잖아. 냉정하게 말하자면 한낱 나의 로망은 돈 앞에 부질없는 허상일 뿐이었다.

요사이 내게 시간이란 그저 기다리는 것에만 쓰이는 걸까. 업체에 부단히 요구한 견적은 이제나저제나 받지 못하고 철거를 감행한 뒤로 20여 일이 심란하게 지나가고 있었다. 공정 일정을 빨리 잡아야 한다는 은근한 압박도 가해졌다. 3개월이 이렇게도 짧은 시간이었나. 원룸 빌라의 어르신께 연락해 임대 기간을 조금 더 연장했다. 슬슬 그분도 눈치를 주기 시작한다. 내 통장에도 자꾸만 이게 맞나 싶은 잔고가 찍힌다. 나를 둘러싼 세계가 모조리 이상하게 흘러가는 것만 같았다.

"보내주신 이 견적이 맞나요?"

"네, 맞습니다, 고객님!"

(어머머, 콜센터 상담 직원인 줄 알았잖아요.)

"……"

예상보다 훨씬 높은 금액이 기재된 견적서가 약속된 시간을 훌쩍 넘겨 다음 날 오후에야 전송되었다. 대략 몇백만 원 정도 들 거라는 팀장의 말에 주저하던 지하 공간까지 과감히 철거했는데, 믿기 어려울 정도로 과도한 지하층 공사비도 뒤이어 도착했다. 이미 지불한 철거비와 설계 용역 비용은 포함되지 않은 금액이었다. 군데군데 어처구니없이 빠진 공정과 터무니없이 높거나 낮게 책정된 세부 항목도 눈에 띄었다. 애초 비용이 부담스럽던 지붕 리모델링은 아예 넣지도 않았는데 도무지 이해하기 힘든 숫자가 시야에서 알짱거렸다. 인테리어 플랫폼이기도 한 그들이 항상 최대 강점으로 내세우던, 협력 업체와의 체계적인 시스템 덕에 자재를 더 저렴하게 수급할 수 있다는 장점은 견적서 어디에서도 찾아낼 수 없었다. 주말 내내 미스터리한 견적서만 들여다보며 끙끙 앓았다.

드디어 당도한 월요일, 확인하고 싶어 안달이던 내용을 빼곡히 적어 카톡으로 보냈다. 업체에서는 별다른 의견도 주지 않은 채 모든 건 협의 사항이라며 다음에 만나 자세히 이야기를 나누자고만 했다. 눈치를 보아하니 통화할 여력도 없이 다른 프로젝트로 바쁜 모양이다. 협의……, 물론 할 수 있지. 하지만 밤 열 시가 넘도록 종일 카톡으로만 이어진 대화였다. 이 정도로 상대가(하물며 전 고객이잖아요) 당혹할 예산을 보냈으면 애써 설명이든 변명이든, 카톡 말고 전화 한 통 건네는 얕은 배려라도 보여달란 말이야. 어리석은 내 기대감에 팽팽히 맞서는 건 철저한 무심과 무시였다.

갑작스럽게 정신이 휘청거렸다. 무슨 일인가 분명 벌어진 듯한데, 그것도 지금 당장 내게는 꽤나 안 좋은 일이 들이닥친 것만은 틀림없는데. 치욕스럽기까지 한 마음에 인테리어 시공 업계에 종사하는 몇몇 친구들에게 견적서와 카톡 내용을 보여주며 조언을 구했다. 나는 도무지 뭐가 뭔지 하나도 모르겠으니 해석 좀 해달라며, 모욕당한 내 불운을 창피하게 드러낼 수밖에 없었다. 이해하고 싶지만 받아들이기 벅찬 상황 속에 연약한 내 모습이 씁쓸했다.

"하기 싫은 거네. 음……, 업체가 속된 말로 너 깐 거야. 이유야 모르겠지만 프로젝트는 어렵고 돈은 안 될 거라 판단했는지도 모르지. 손해 배상 청구해야 하는 거 아냐?"

그런 건가……. (설혹 아니라 해도) 그래, 이 모든 게 의도치 않게 벌어진 오해일지 모르지. 그들도 나도, 그들의 말도 나의 말도, 그들의 태도도 나의 태도도, 그리고 이 견적서마저도. (설혹 그렇다 해도) 어느새 깊숙이 곪아버린 오해의 끝이 '안녕'밖에 더 있을까 싶으며 서로 침묵했던 며칠 뒤, 그쪽으로부터 간접적인 거절 카톡을 받았다. 이 현장에서 일확천금을 얻는 것도 아니고 보람도 없이 서로 의심하는 사이로 일하고 싶지 않으니 이대로 함께 진행해도 좋을지 다시 한 번 재고해달라는, 나보다 더한 피해자의 입장으로 둔갑해 보내온 명징한 거절의 메시지였다. 담당 디자이너들도 아쉽고 안타깝기 이를 데 없는 마음이라는 감정 호소조의 말까지 덧붙었다.

별거 없고 혼자인 나는 단단한 조직 속 다수인 그들에게 형편없이 지고 있었다. 나의 절박했던 꿈이 그들 손에서 희롱당하고 있었다. 힘의 역학 관계는 분명했다. 그런데도 결국 우린 다 같은 피해자라고 말하려는 셈인가?

"제가, 저의 이 집이, 당신들을 난처하게 했나요? 그렇게 미련 없이 떠나가시니, 이제 모든 건 제 몫으로만 남겨졌네요."

업체를 향한 마지막 내 이해심마저 왜곡되고 구겨지는 것 같아 억울하고 또 아렸다. 누군가 지녔던 가장 순수한 꿈을 이렇게도 야비한 방법으로 짓이길 필요까지는 없었는데. 오직 침묵만이 내 자존심을 지킬 가장 강력한 답변 같았다. 침묵 속에도 언어가 스며들어 있다. 때때로 침묵은 눈짓 하나만큼의 의미가 있는 법이다.

조르주 드 라 투르의 〈사기꾼〉 속에 나오는 등장인물은 모두 '곁눈질'을 하고 있다. 태연한 척 다이아몬드 에이스 카드를 벨트 뒤에 감추고 화면 밖을 곁눈질하는 왼쪽 남자, 와인을 따르는 척 곁눈질로 신호를 보내는 여인, 그리고 날카로운 곁눈질로 동태를 살피는 귀부인. 오직 단 한 명, 오른쪽 부유한 옷차림의 청년만이 순진한 표정으로 카드놀이에 몰두하고 있는 듯 보인다.

이 그림은 겉으로는 평화로운 카드 게임 장면을 묘사하지만 실제로는 사기와 배신이 벌어지는 순간을 긴장감 있게 포착한다. 평범하고 정상적인 상황처럼 보이지만 그 속에는 믿었던 상대를 속여 부당한 이익을 취하려는 의도가 교묘하게 숨어 있다. 어두운 배경 속 밝은 바로크 빛으로 강조된 인물들의 표정과 눈짓은 서로 간의 불신과 음모, 상대에 대한 기만을 보다 극적으로 전달해주는 서사적 구성 요소가 된다.

프랑스 루이 13세의 궁정 화가였던 그의 작품에는 빛과 어둠의 명확한 대비를 통해 우리로 하여금 화폭 속 고요한 정적에 집중하게 만드는 힘이 있다. 밝은 빛은 청년의 순수함과 희생을 드러내고 상대적으로 어두운 부분은 사기꾼들의 은밀한

조르주 드 라 투르Georges de La Tour, 〈사기꾼Le Tricheur à l'as de carreau〉
1636~1640년경, 캔버스에 오일, 106×146cm, 파리 루브르 박물관 소장

행동을 부각하며 도덕적 대비를 시각적으로 표현해냈다. 17세기 당시 가장 인기 있었던 술, 도박, 여인이라는 지극히 세속적인 테마가 '곁눈질'이라는 인간의 작은 몸짓 안에서 우리에게 강력한 경고를 날리는 작품이다.

이 카드 게임의 결말은 저 한통속 플레이어들의 사기 계획에서 한 치도 벗어나지 않았을 것이다. 부유한 청년도 '에잇, 오늘은 운이 나빴네' 정도로 홀홀 털고 일어설 수 있었을지 모른다. 돈은 잃었지만 꿈과 시간마저 잃지는 않았을 테니까. 혹시 그들에게 나도 저 청년처럼 보였던 걸까? 나 혼자만 내가 이 판의 호구였다는 걸 몰랐던 걸까? 돈이 안 될 것 같으면 가볍게 무시해도 되는 호구. 그들의 마지막 문장에도 결국 돈 이야기만이 남았다. (우리는 흔히 이런 사람들을 '업자'라고 부른다.) 혹시 다른 사람들의 눈엔 이 판이 훤히 보였던 걸까? 드러나지 않던 의도가 나중에야 명백해지는 순간은 언제나 가슴에 외면하고픈 상흔을 남긴다. 부유하지 못한 호구라서 나 자신이 더 초라하게만 느껴졌다. 내가 호구였다니!

공간에 대한 나름의 진지한 철학 따위 없이 그저 매뉴얼대로 대한민국 어디에 세워져 있든 개성 하나 없이 똑같아 보이는 아파트 인테리어만 찍어내는 업체였다. 그런 업체에게 나는 '편리'와 '깔끔'이라는 실용적인 목적에 앞서 이 집에서 기대하는 삶과 철학에 대해 지속적으로 떠들어댔고, 돈이 안 될 것 같은 현장인 걸 일찌감치 감지한 그들은 예산으로 뒤통수를 치며 도망갔다. 교활하게 암시적이었던 단서들. 피곤한 나를 피해 가려는 그들의 함정은 너무나도 유용했다.

내가 너무 무모했던 걸까. 섣불리 철거해버린 자그마한 나의 집 박공지붕 너머 서쪽 하늘엔 서서히 일몰이 시작되고 있었다. 차츰차츰 명도 높은 파란빛이 지워지고 나른하고 상냥하게 주홍빛으로 물들어간다.

갑자기 이 세상에 환대받지 못하는 이방인이 된 것만 같았다. 누군가에게는 풍요로운 저녁 식탁이 시작되는 시간, 또다시 내 뱃속에 가난한 허기가 급습해 온다. 아니 마음속인가.

오래된 집의 탐미

사라지지 않는 허기

"무슨 말씀을 하시는 거예요?
이미 오래전에 운명이 정해져 있는
한낱 필멸의 인간을 가증스러운 죽음에서
도로 구하려 하시다니요."
—《일리아스》

나는 이제부터 내 삶에 뭔가 대단한 일이라도 벌어질 줄 알고 한껏 기대하고 있었을 거다. 이쯤이면 그런 행운은 당연히 주어져야 한다고 당당히 요구하고 있었던 것이다. 하지만 현실은 늘 그래왔듯 1밀리미터의 하찮은 오차를 냈고 그렇기에 영원히 내 이상과 맞닿을 수 없다는 예언의 굴레를 벗어나지 않았다.

50년 된 이 집의 드라마틱한 환골탈태 과정과 그 결과물을 즐겁게 상상하며 나름은 죽을 만큼 (어느 순간부터는 죽지 못해) 용기를 내온 나에게 왜 이토록 현실은 자꾸만 매정한 걸까? 녹록지 않았던 쇼룸 프로젝트를 마무리하고 나면 신나게 집 리모델링에 몰입할 수 있을 것만 같았는데. 지금쯤이면 공사 막바지에 이르러 샹들리에를 어디에 달까, 문 손잡이는 브론즈 색상이 좋겠지, 혼자 수다스럽게 고민하며 공간 구석구석 세부를 꾸며가고 있을 줄 알았는데. 하지만 그 완벽했던 조건의 인테리어 시공 업체는 이 모든 상상을 헛된 환영으로 누렇게 산화시켜버리고 말았다. 유명 인테리어 잡지 4면 게재라는 황홀한 프리미엄과 그들의 껍데기뿐인 네임파워에 일찌감치 눈이 멀어버린 나 스스로가 이 모든 선택을 했기에, 미웠다. 내가, 그리고 이 집이 업체보다 더 미워지기 시작했다. 진절머리가 나! 쳐다보고 싶지도 않다고!

그 후로 한동안은 이 집을 외면했다. 때때로 징징대고 대부분은 의기소침해진 채 한껏 찌그러져 있던 나를 향해 주변 사람들은 무심코 한마디씩 던지며 기어코 나약한 상처에 생채기를 덧댔다. 분명 악의 없을 평범한 말이었지만 그 무디고 둔탁한 언어의 끝마저 내겐 무척이나 날카로웠다. 어찌 보면 뻔한 클리셰를 지닌 인간관계의 전형적인 단면일 뿐인데.

"너 올해 운이 안 좋은 거 아니야? 사주라도 한번 봐봐."

"아휴, 힘들어도 어떻게든 견뎌야지. 안 그러면 어쩌겠어?"

"네가 알아서 해. 왜 굳이 그런 선택을 해서 스스로를 힘들게 만드는 건데? 머리 아프다. 끊자."

"구옥 단독주택 리모델링? 그거 정말 만만치 않은 일이야. 예산도 넉넉하지 않은 상황이고. 게다가 네가 해온 일은 인테리어라기보다 공간 연출에 가깝잖아."

몇몇 안면을 익힌 동네 이웃도 틈만 나면 까맣게 타버린 남의 속도 모르고 친절한 미소로 걱정해주었다.

"철거만 하고 아직도 공사 시작을 안 했어요? 어쩌려고 그래요? 내가 다 심란하네."

쉬이 버려지지 않는 그 말들이 내 심장 안에 차곡차곡 모질게 쌓여 뒤틀린 비명만 숨죽여 내질렀다. 통쾌한 한마디로 죄다 쓸어버리고 싶은데 내 몸 어딘가에 콕 박혀 어떤 대꾸의 말도 쉽사리 목구멍으로 넘어오질 않았다. 내뱉지 못한 말들은 상대에 대한 섭섭함으로 변환되어 인생 전체에 대한 청승맞은 회한으로 귀결되기 일쑤였다.

나는 또 침묵할 뿐이다. 그리고 시도 때도 없이 배가 고팠다. 어느 순간 급습해 떠나지 않는 나의 허기. 특히나 삼겹살이 어찌나 먹고 싶던지. 아직은 낯선 동네, 사적인 지인 하나 없던 나는 주위 시선 아랑곳하지 않고 혼자 고기를 편히 구워 먹을 만한 식당을 찾아 저녁마다 기웃거렸다. 너무 북적이는 곳은 안 돼! 한창 붐비는 시간대도 안 돼! 쭈뼛쭈뼛 입구를 어슬렁거리다 겨우 용기 내 식당에 들어서기 일쑤였다. 하여간 성가시게 여기저기 크고 작은 일에도 매번 그놈의 가엾은 용기가 소환되었다. 힘들게 들어간 어떤 곳은 안내받은 구석 자리 대신 분위기 있는 창가에 앉겠다는 내게 "그럼 한 시간 안에 다 드셔야 해요"라며 불합리한 호의를 베풀었다. 혼자 삼겹살 2인분에 1인분, 거기에 또 1인분을 추가하며 사정한 끝에 간신히 20분을 더 연장할 수 있었다. 또 어떤 날은 내내 눈여겨본 고기뷔페를 작정하고 찾기도 했다. 혼자라는 내 말에 그럼 2인분 가격을 내야 한다고 했다. 이래서 당근마켓에서 고기뷔페 같이 갈 사람을 찾는 거였어. 그걸 말이라고.

그렇게 혼자 식당에서 편의점 와인을 곁들여 삼겹살을 굽고 광어회에 매운탕을 끓이는 나날이 시작됐다. 이제 나에게 혼자서 못 할 일은 아무것도 없었다. 포식한 다음 날도 어김없이 이 호사스러운 소울푸드가 당겼지만 일차원적인 욕구에 헤프게 허덕이다가 제대로 된 공사를 시작하기도 전에 통장을 빈곤하게 만들 수는 없는 일. 요리를 해볼까?

내 기본적인 욕구에 대해 말해보자면, 나는 수면욕은 넘치지만 식욕은 좀처럼 없는 편이다. 성욕은 그때그때 달랐다. 연애를 할 땐 언제나 육체적인 교감을 욕망하며 상대의 깊은 곳에 닿고 싶어 했다. 상대 또한 나를 나보다 더 욕망해주길 바랐다. 그건 우리의 사랑이 유지되고 있다는, 내가 여전히 당신에게 매력적인 존재라는 중요한 단서로 여겨졌다. 그러나 연애 공백기에는 자잘한 성욕조차 그닥 느끼지 않았다. 자발적인 금욕 생활이 결코 어렵지도, 아니 내가 그렇게 살고 있다는 인식도 희미했다. 아마도 내 성욕의 발원지는 육체적인 것보다는 조금 더 정서적인 것에 가까웠기 때문일 거다.

성욕보다 못한 단순한 식욕은 그 당시 한창 탐닉하던 몇몇 음식만 반복적이고 지속적으로 보충해주면 그만이었다. 한 달 동안 포모도로 파스타만, 배추된장국만, 양배추쌈만 밤낮으로 먹다가 어느 순간 그 갈망이 싹 가셔버리고 더 이상 찾지 않는 패턴이었다. 그러니 나의 지금은 바야흐로 삼겹살과 광어회의 시절인 셈이다. 애석하게도 이번엔 싸지 않은 것들에 홀려버렸다. 정말 요리를 해볼까? 그래, 요리를 하자! 집밥을 해 먹자!

이럴 때일수록 내 몸은 내가 챙겨야지 하는 상투적인 다짐도 잠깐, 원룸에 들어서자마자 그 마음이 싹 가시고 만다. (벌써 넉 달 전) 입주하며 온종일 박박 닦아냈던 지층 원룸의 싱크대가 좀처럼 깨끗한 느낌이 나질 않는다 싶더니, 급기야 가스레인지에까지 곰팡이가 생겨났다. 저 모습이 대낮에 출몰하는 당당한 자태의 바퀴벌레보다도 어이없게 느껴져 곰팡이 제거제를 잔뜩 뿌리고 널찍한 석재 타일로 덮어버렸다. 에잇, 결국 멀티포트에 기껏 라면이나 끓여 먹을 신세. 허기는 욕구의 반의 반도 해소하지 못하고 비좁은 원룸에 널브러져 선풍기 바람이나 쏘이고 있는 내 행색이 궁색하고 외롭기만 했다.

내가 지금 탐하고 있는 이 많은 음식은 허기일까, 욕망일까? 내가 지금 삼키고 있는 것은 음식일까, 시간일까, 아니면 나 자신일까? 이미 오래전 귀머거리가 된 채 죽음의 병마와 싸우던 고야가 자기 내면의 불안을 섬뜩하게 토해낸 기괴한 그림을 바라보며 나 역시 내 안에 불길하게 감지되는 허기를 의심하기 시작했다.

프란시스코 데 고야의 〈아들을 잡아먹는 사투르누스〉는 자식 중 한 명에 의해 자신의 왕좌를 빼앗길 것이라는 가이아의 불길한 예언을 막으려는 사투르누스 신화를 배경으로 한다. 이 작품은 고야가 말년에 은둔했던 퀸타 델 소르도Quinta del Sordo('귀머거리의 집'이라는 뜻)에서 개인적이고 은밀하게 작업한 검은 그림 연작Black Painting 중 하나로 식당 벽에 그려져 있었다. 마른 회벽 위에 유화 물감을 바르는 프레스코 세코 기법을 사용해 물감층을 두껍게 쌓아 올리고 질감이 풍부한 표면을 만들어 고야 특유의 공포와 잔인한 분위기를 한층 더 고조했다.

고야는 평생 왕실 화가로 활동하며 권력과 부를 추구했지만 자신의 신념과 상충하는 선택으로 인해 내적 갈등에 시달렸다. 정치적 격변과 스페인의 무자비한 폭정 속에 왕실의 후원을 받으면서도 지배층의 위선과 폭력에 대한 깊은 회의감을 떨칠 수 없었다. 말년에 이르러서는 권력에 집착하는 인간의 광

프란시스코 호세 데 고야Francisco José de Goya,
〈아들을 잡아먹는 사투르누스Saturn〉
1820~1823년, 벽에서 캔버스로 옮겨짐, 143.5×81.4cm, 마드리드 프라도 미술관 소장

기와 인지부조화에서 비롯된 자기 파괴적 본성을 섬뜩한 색채와 뒤틀리고 일그러진 형상을 통해 적나라하게 표출했다. 이 과정에서 탄생한 작품은 권력과 신념 사이의 갈등 속에서 진정한 자유를 갈망한 그의 예술적 절규이자, 인간의 욕망이 스스로를 삼키는 순간을 구체화한 강렬한 상징으로 읽힌다. 내면의 불안을 외면했던 시간들, 그 모든 누적된 갈등이 고야의 검은 그림들에 서늘하게 새겨져 있다.

두 눈을 부릅뜬 사투르누스가 황망한 눈물마저 글썽이며 광기에 휩싸여 자식을 잡아먹고 있다. 자신에게 내려진 저주에 반항이라도 하듯 피해망상에 사로잡혀 오히려 더 게걸스럽고 잔혹하게 운명을 집어삼킨다. 자식을 잡아먹는다는 건 곧 스스로 미래를 갉아먹는다는 의미이기도 하다.

채워도 채워도 채워지지 않는 허기. 왜 자꾸 맛있게 먹고 있으면서도 서러운 거냐고. 음식은 내 허기를 채우는 게 아니라 오히려 내 욕망만 더 자극하고 있었다. 현실을 받아들이기 힘들었던 이 시절, 나는 그저 해갈되지 않는 헛헛한 꿈을 붙잡고 애꿎은 음식으로 시간과 에너지를 잡아먹고 있었던 것 같다. 결국 사투르누스의 저주는 아들 제우스에 의해 실현되고 만다. 저주는 반드시 실현된다. 나의 현재가 저주가 아니기를, 단지 악몽 같은 마법이기를 바랄밖에.

PART 2

＊

성장의 대가

＊

EXOTIQUE HOUSE

새로운 봄

"나는 어려움 속에서도 미소 지을 수 있는 사람,
괴로움 속에서도 힘을 모을 수 있는 사람,
성찰을 통해 용감해질 수 있는 사람을 사랑한다."
— 레오나르도 다빈치

그사이 시간은 또 얼마나 이 불안정한 시절을 무정하게 스쳐 지나갔을까? 햇볕의 농도는 점점 더 짙어져 나를 에워싼 모든 유무형의 존재들이 달리의 초현실주의 시계처럼 찐득하게 흘러내린다. 대책 없는 희망으로 들뜨게 했던 소생의 에너지였던 봄은, 오랜 시간 애써 봉인해두었던 부질없는 정욕에 몸을 달게 했던 아직은 젊은 날의 내 봄은, 낭만과 야만이 맥락 없이 교차하며 숱한 모순된 감정을 남기고 있었다.

더는 어디도 물러설 방도가 없다. 용기를 내어 집을 찾았다. 철거하고 계약이 해지된 채 방치한 지도 벌써 한 달이 다 되어가는구나. 여름 장마가 오기 전에 어서 마무리해야 하는데 이 작은 집 하나 살 만하게 만드는 게 녹록지 않네. 여기저기 빈 커피잔과 깨진 소주병의 파편……. 뻥 뚫어놓은 공간으로 누군가 침입한 흔적이 자꾸만 생겨나 현수막도 하나 만들고 선명한 노란색 체인으로 '여기는 나의 집'이라는 표식을 분명히 했다.

아, 그래 거기! 거기에다 연락해보자. 새로 마련한 시각적인 안전장치에 마음이라도 놓인 걸까. 까맣게 잊고 있던 한 곳이 불현듯 떠올랐다.

"여보세요. ○○○ 건축사사무소에서 소개받았습니다. 언제 미팅이 가능할까요?"

집에 대한 다정하고 단정한 철학과 미학을 지닌 건축사와 협업한다면 내 빈티지한 디자인 콘셉트가 보다 안전한 기술적 토대 위에 구현될 것 같았기에, 짐짓 욕심을 부렸던 건축사사무소에서 소개받은 시공 업체였다. 비용과 착수 시점 탓에 망설이고 머뭇거리다 아쉽게 우리의 프로젝트는 무산되었지만 그곳에서 소개한 업체라면 분명히 믿을 만했다. 당장 지명원부터 찾아보았다. 이런! 구옥 단독주택 리모델링뿐 아니라 건축도 직접 하는, 업력과 포트폴리오 모두 꽤 내실 있는 곳이었다. 바로 여기다! 현장 미팅 전 참고가 될 만한 온갖 자료도 두툼하게 전송했다. 부디, 제 욕망의 구원이 되어주세요.

딱 봐도 업계에서 잔뼈가 굵어 보이는 카리스마 장착한 이사님 두 분이 철거된 집을 꼼꼼히 살폈다. 나는 그 뒤를 졸졸 따라다니며 삭막하게 골조만 남은 이 공간이 원래 어떤 상태였는지 세심하게 묘사하며 아닌 척 내내 간절한 구애의 눈빛을 담아 호소했다. 그들은 다소 무뚝뚝한 표정으로, 특별히 섬세하다고 느껴지는 눈길은 아니었지만, 역시나 뛰어난 실력으로 건물의 구조적 특징을 단번에 파악해낼 줄 알았다.

오래된 집의 탐미

"3D 디자인과 평면 레이아웃은 이미 완성했고 타일과 조명 등 대부분의 자재는 제가 직접 수급할 예정이에요. 도어와 단조처럼 빈티지한 요소가 강한 항목은 제 협력 업체와 별도로 진행할 거라 부담은 안 가지셔도 됩니다. 기술적인 부분만 잘 풀어 시공해주시면 좋겠어요."

"이런 민감한 현장은 저희 같은 소장급 이상이 내내 붙어 있어야 하는데 다른 프로젝트가 밀려 스케줄이 불확실한 상황입니다. 게다가 이미 철거가 진행된 상태라……. 내부 회의 후 회신드리겠습니다."

이 말에 내 눈빛은 또 얼마나 흔들렸을까. 내심 태연한 표정을 취해보지만 그 뻔한 의도만 더 티가 났을 거다. 차에 시동이 걸렸다. '이대로 보내긴 뭔가 아쉬워. 마치 우리 잠시 시간을 갖자며 기약 없이 떠나던 그 사람 같아.' 좋은 소식 기다리겠다는 마지막 말을 단말마처럼 내뱉고 막 출발한 차가 골목을 벗어난 후에야 마지못해 뒤를 향해 돌아섰다.

오후의 태양 아래 길게 늘어진 내 과장된 그림자 위로 옛 아픔 속 한 인연이 씁쓸히 스며들었다. 그날의 심리적 그림자는 나에게 익숙하고 소모적인 불안을 다시금 불러일으키게 했다. 굳이 기억하고 싶지 않았던 말, '우리 잠시 시간을 갖자'.

오래전 몇 달 동안 공들여 준비한 프로젝트의 수주가 실패로 끝난 적이 있었다. 대대적인 오픈을 앞둔 서울의 유명 프리미엄 백화점 내에 자연과 예술을 접목한 체험형 테마 공간을 기획하고 연출하는 일이었다. 프레젠테이션에서는 기발한 상상력을 지닌 스토리텔링과 이슈를 일으킬 만한 디자인이 오감으로 잘 표현되었다는 평가가 지배적이었지만 인터랙티브 콘텐츠가 다소 약했던 탓인지, 아니면 회사 규모 때문이었는지 결과는 냉정하게도 탈락이었다.

한동안 실망감에서 헤어나지 못했다. 밤낮으로 투자한 노력과 시간, 돈이 허무하게 비산하는 장면만 강박적으로 끊임없이 아른거렸다. 앞으로의 비전도 넘치던 패기마저 구차할 뿐이었다. 기대도, 분노도, 아쉬움도, 절망도, 고통도 사라진 자리에는 오직 일에 대한 환멸만이 견고하게 채워져갔다. 그때 떠난 여행에서 만난 인연이었다.

내 슬픔은 대체로 타인의 위로에 경감되지 않는다고 생각했기에 걷잡을 수 없이 부정적인 마음이 일 때면 그저 걷고 미술관을 찾고 혼자 술 한잔 홀짝일 뿐. 그걸로도 해갈되지 않는 깊은 슬픔일 때는 익숙한 고통의 장소를 벗어나 거기가 어디든 그저 여기가 아닌 곳으로 잠시 떠나는 것만이 유일한 해답이라 여겨왔었다. 하지만 그렇게 상처로부터 도망치듯 떠나왔어도 좀처럼 회복되지 않을 만큼 아픈 감각마저 잃어버린 몹시도 아팠던 날들. 더 이상 혼자가 아닌 그와 함께하면서부터 내 채도 높던 쨍한 비감이 은은한 파스텔 톤으로 서서히 옅어지고 있었다. 내 오만도 함께, 서서히 서서히.

삼등석 야간 기차 침대칸에 누워 오늘 하루 숙박비를 아꼈다고 흡족해하고, 히말라야 만년설 위로 쏟아지는 별에 밤새 감탄하며, 큼직한 바나나 잎을 접시 삼아 내놓은 인도 전통음식 도사를 마살라에 찍어 먹었다. 순수하게 서로의 삶에 공감하고 또 쉴 새 없이 상대방을 궁금해하던 영혼의 순간들이 쌓이면서 우리는 자연스럽게 연인이 되었다. 우린 마치 냉혹한 현실에서 환상의 세계로 정신적 피정이라도 떠난 듯했다.

오래된 집의 탐미

그러나 여행이라는 비일상적 시공간에서 만난 인연은 돌아온 현실의 민낯 앞에서 가차 없이 버석거리기 시작했다. 현실에서의 나는 눈빛이 지적인 따뜻한 구원자적 이미지를 가진 남자를 원하고 있었다. 그래서였는지, 이제 막 플로리스트로 데뷔해 꿈꾸는 듯한 눈빛으로 나를 경탄하며 추앙하던 그가 점점 더 성에 차지 않았다. 그런 몽환적인 눈빛은 여행지에서나 어울리는 거라며 모진 말을 내뱉다가도 그 눈빛이 더 이상 나를 향하지 않을까 불안했다.

가끔 키스를 할 때면 문득 그의 입술을 날 선 내 송곳니로 꽉 깨물고 싶은 충동에 휩싸이곤 했다. 아주 깊고 아리게, 그 여린 입술에 불가해한 아픔을 새기고 나를 끝내 잊지 못할 비애를 교묘하게 남기고 싶어졌다. 너의 착한 사랑에 순하게 복종하다가도, 낭만적이었던 우리의 모든 추억을 부정하려는 듯이. 이 역설은 닿지 못하는 이상에의 갈증과 현실에 안착하고 싶은 본능이 격렬히 충돌하며 언제나 그 사이에 모호하게 걸려 있는 내 내면세계와 닮아 있었다.

언제부터인가 우리는 필사적으로 감정을 억누르려 각자 발끝만 바라보며 걷는 것처럼 보였다. 대화도 줄어들었다.

"……우리 잠시 시간을 갖자."

무언이라는 행위는 어느새 그에게 생각하는 답을 내어주었나 보다. 그동안 해석되지 않았던 내 불안이 이제야 그 실체를 명징하게 드러내고 있었다. 괜한 기분 탓이 아니었나 봐. 겨우 하루가 지나고, 뜬 눈으로 하루를 더 지내고, 이대로는 죽을 것 같은 심정으로 또 하루를 견뎌도 여전히 견뎌내야 할 하루가 남아 있었다. 당장이라도 그가 집 앞에서 수줍게 꽃 한 다발 들고 서 있을 것만 같은 절박한 심정으로 봄의 하루하루가 메말라가던 어느 날, 내내 내 마음의 반쪽만 내어주면서도 사랑만은 했던 어린 내 연인의 마지막 한마디.

"여기까지, 우리 여기까지만 하자."

돌이킬 수 없는 이별과 지나간 시간의 무게를 어떻게 다시 짊어져야 할까?

시공사 대표님에게서는 좀처럼 연락이 없었다. 안 한다고, 아니 못 한다고 하면 어떻게 하지? 또 한 번 나의 절박함이 누군가를 불편하게 만들지나 않을까 싶으면서도 속으로는 몹시 전전긍긍했던 영겁 같은 시간이 지나고 드디어 함께 작업할 수 있다는 반가운 회신을 받았다. 빠듯한 일정으로 고민이 많았다지만 그는 사실 오래된 주택을 아날로그 감성으로 리모델링하는 작업에 각별한 애정을 품고 있다고도 했다. 착수까지 3주 정도 더 기다려야 한다지만 괜찮았다. 감사할 따름이었다.

"그저 아직은 젊었던 내게, 삶이 던진 짓궂지만 가벼운 농담이었어. 왜 종종 인생이 그럴 때 있잖아."

그간의 고약하기만 했던 상황도 언젠가 대수롭지 않게 웃으며 추억할 날이 오겠지. 유명 인테리어 잡지에 실리지 않아도 충만함으로 가득할 그런 날이, 결코 끝나지 않을 것 같은 내가 자초한 이 고행의 시간마저 세월이 흐르면 아련히 그리워질 날이 오겠지, 분명.

눈물에도 동질감 비슷한 것이 있어서 누군가 함께 울어주면 덜 슬퍼진다기에 그런 사람을 찾았다. 사이좋게 이 절망을 함께 헤쳐나가고 싶은 마음. 아니 거짓말이다. 현실의 모든 문제를 나 대신 해결해주길 바라는 의지의 마음, 무임승차든 뭐

오래된 집의 탐미

산드로 보티첼리Sandro Botticelli, 〈프리마베라La Primavera〉
1480년경, 패널에 템페라, 207×319cm, 피렌체 우피치 미술관 소장

든 어서 빨리 현실을 전복하고픈 조바심뿐이었다. 하지만 이제는 알겠다. 지금의 내 절망을 함께 해결해나갈 대상은 가족도, 친구도, 남자도 아닌 파트너십으로 공명할 수 있는 듬직한 업체였다는 것을. 한결 충만해진 마음으로 수선화와 아네모네가 흐드러진 산책길로 발걸음을 옮기니, 어느샌가 나는 보티첼리의 정원 한가운데 서 있었다.

고대 로마 신화의 신비로운 인물들과 신플라톤 철학의 상징으로 가득한 꽃의 도시 피렌체 속 봄의 정원은 더없이 풍요롭고 싱그러운 아름다움으로 넘실거린다. 자연과 인간, 신성의 조화가 한데 어우러진 이곳 화폭의 중심에 고요히 자리 잡은 사랑과 미의 여신 비너스, 그 왼쪽에서 춤을 추고 있는 삼미신을 향해 사랑의 화살을 겨누는 큐피드, 먹구름을 흩뜨리며 봄의 정원을 수호하고 있는 전령 머큐리, 그리고 서풍의 신 제피로스에게 납치되어 꽃의 여신 플로라로 막 변신한 님프 클로리스. 보티첼리만의 우아한 장식과 섬세한 선이 이 모든 생명력을 생동감 있게 엮어내고 있다.

보티첼리의 〈프리마베라〉는 메디치 가문의 일원이었던 로렌초 디 피에르프란체스코 데 메디치의 결혼 선물로 제작된 작품이다. 오렌지나무와 장미 같은 다산과 순결을 함의하는 요소가 화면 곳곳에 세심하게 배치되어 결혼을 예찬하고 축복하는 메시지를 정교하게 담아냈다. 그리고 이 작품에는 표면적으로 드러나는 계절적 환희와 신화적 장면의 나열을 넘어 메디치 가문의 정치적 메시지와 철학적 야망이 은유적으로 녹아 있다. 피렌체가 위치한 지중해 지역에서 서풍은 봄을 불러오는 자연의 기운일 뿐 아니라 동방과의 무역 재개를 알리는 신호이기에

오래된 집의 탐미

피렌체가 곧 르네상스라는 '새로운 봄'을 주도할 것임을 은밀히 암시해준다.

나무에는 탐스럽게 영근 오렌지의 향기가, 땅에는 꽃의 여신 플로라가 흩뿌린 꽃향기가 진동하는 봄. 여신들의 우아한 옷차림처럼 화사하고 큐피드의 장난기만큼이나 상큼한 시트러스 향을 넘나들던 관능의 봄.

봄이란 그런 것이어야 했다. 끝내 평범한 님프를 여신으로 변모시켜준 제피로스 같은 남자를 만나지 못하고 그나마 있던 재산만 탕진했지만 봄은 또 올 테니 그때를 노려보기로 한다. 결혼과 다산의 축제 같은 봄은 아니었어도 지금은 그보다 더 소중한 파트너의 인연을 만나 여러모로 빈곤했던 봄을 마무리하게 되었으니 나에게도 지난봄은 '소생', 즉 '르네상스 Renaissance'였던 셈이다.

돌고 돌아 제자리를 찾아온 기분이다. 정지됐던 심장도 천천히 다시 뛰기 시작한다. 이 집에 대한 온갖 혐오감도 생겨났지만 희뿌연 희망만은 여전히 존재하고 있었나 보다. 드디어 공사를 제대로 시작하게 되기까지 반복됐던 희망과 좌절의 과정이 일단락되었다. 그리고 유난히 길던 봄날이 갔다.

낭만과 관능 사이

"나는 왠지 긴 여행을 떠나야만
할 것 같은 생각이 들었다.
이것으로 충분하지 않은가.
먼 곳에서 북소리가 들려온 것이다."
—《먼 북소리》

밤에 잠시 세찬 비가 내렸다. 나의 집은 괜찮은 걸까? 이 과정도 하나의 값진 경험으로 귀결될 수 있을까? 시공해줄 업체를 드디어 다시 만났다는 안도감도 잠시, 아직은 긴장감에 내 몸의 온갖 것들이 날을 세우고 독기를 품은 채 현 상황을 노려보고 있는 듯했다. 매일 얕은 잠에서 깨어 의식을 회복하며 가장 먼저 드는 놀라운 깨달음은 '아, 아직 끝나지 않았구나. 나는 여전히 지층 원룸에 살고 있구나'였다.

유난히 긴 이 꿈에 오늘은 냉소적인 비관도 덧댄다. 참 한심하군. 고작 이런 식으로밖에 일을 끌고 오지 못하다니. 돌아보면 지난 시간 곳곳 한심한 일들만 진탕이어서 결국엔 모두 내 탓으로 돌릴 수밖에 없을 것만 같다. 한껏 면피를 해보더라도 겨우 안 좋은 운 탓밖에는 없다. 스스로도 이렇게 창피한데

오래된 집의 탐미

누군가 이 사실을 알아차린다면? 아무리 상이한 분야라고는 해도 기껏 공간 디렉터라는 사람이 너무 어리숙하잖아! 안 된다. 더 이상 자존심이 무너지면 곤란하다. 가용한 모든 재산과 재능을 바쳐 근사한 포트폴리오로 삼고자 했던 이 생존 작업에 자존심을 잃는 것은 성장은커녕 소생마저 불가한 위축뿐이다. 절박하게 탐욕을 부렸던 내 꿈의 잔영들을 조각조각 다시 기워야만 한다.

폐허. 50여 년에 달하는 긴 세월 동안 눈, 비, 바람, 햇빛 등 거스를 길 없는 자연의 스침이 지어낸 남루한 흔적, 그리고 인간의 손에 부서지고 내팽개쳐진 인공적인 잔해물이 적막하게 뒤엉켜 아무도 찾지 않는 매캐한 유적으로 변한 텅 빈 공간. 어쩌면 그저 폐가처럼 방치되어 어느새 동네 흉물이 되어버린 곳. 이 곤란한 폐허 같은 곳이 현재 나의 집이다.

폐허, 폐허, 폐허. 아직도 안온한 집이 되지 못한 미완의 장소에서 못내 볼품없이 폐허가 되고 만 내 심장이 뿜어대는 유독한 열기를 느끼며 한쪽 구석에 웅크리고 앉았다. 이미 과거 속으로 사라진 지난 봄날이 스쳐 갔다. 호기로운 낭만으로 시작한 도전에 잔인한 야만이 스며들던 비참했던 날조차 나와 이 집의 내밀한 스토리가 되었다. 동지애. 나와 이 공간은 이제 운명 공동체가 되었구나 싶은 애잔한 감흥마저 일자 이 폐허의 무드가 점점 더 마음에 들기 시작했다. 불완전한 나를 묵묵히 기다려준 불완전한 내 집에는 매혹적 시성이 아련하게 감돌았다. 그냥 이대로 창문과 현관문을 다시 달고 페인트칠만 새로하고 살아도 될 것 같았다. 나와 이 집, 우리에게 난폭했던 과거를 행복을 향해 열려 있는 현재로 바꿔놓을 수 있을 것만 같았다.

어쩌면 나는 오히려 무無를 갈망하고 있었던 걸까. 지난 시간의 과오와 절망을 잊고 다시 시작할 수 있는 무. 공백이 많은 이야기를 두고 모든 관점의 해석이 가능하듯 이 텅 빈 공간은 무엇으로든 변모가 가능하기에 베일에 싸인 채로 여전히 내 호기심을 자극하고 있었다. 아무것도 주장하지 않는 듯한 무심한 이 폐허의 공백이 나를 흥분케 했다. 가장 기대치 않은 순간 내 눈앞에 펼쳐진 폐허의 무드는 변덕스러운 내 마음을 또 한 번 바꾸어놓았다.

자, 다시, 꿈을 한번 꿔볼까.

삶과 일에서 고유한 나다움을 찾고자 방황했던 지난 시절, 때로는 즉흥적으로 때로는 애써 떠난 여행길에서 마주한 수많은 예술작품과 경이로운 이국의 문화에 앞으로 나를 형언하게 될 모든 키워드와 가장 행복했던 절정의 순간이 있었다. 거기서 체화한 모든 유무형의 예술적 감각을 이 '집'이라는 공간 안에 집약적으로 녹여내고 싶었다. 그렇게 곁에 두고 내내 기억하고 싶었다. 나를 닮은 공간을 만들고픈 거대한 욕망, 그 강렬한 시작을 거슬러 올라가면 언제나 내 여행의 서문과 맞닿아 있었기에 온갖 이국의 여행지에 새겨둔 열정과 영감의 무수한 조각을 집요하게 파헤쳐야 한다고 생각했다.

"지금 살고 있는 곳을 떠나 다른 곳으로 이주한다면 어디로 가고 싶은 지 한 번쯤 상상해본 적이 있을까요? 만약 그렇다면 어디로 떠나고 싶은지, 어떤 기대를 품고 계시는지 알려주세요."

얼마 전 이런 질문을 받았다. 한낱 허황된 꿈일 수도 있는 물음에 한참을 진지하게 머뭇거렸다. 카니발 가면 뒤에 숨은 비밀스러운 이야기처럼 나를 가장 현혹시켰던 물의 도시 베네치아? 독창적이고 실험적인 전 세계 예술가들의 성지 베를린? 레몬향 아릿하게 스미는 소박한 지중해 바닷가 마을 포지타노? 아니다. 아니었다. 나의 대답은 놀랍게도 프랑스 파리였다. 파리라니? 베네치아가 아니고 파리라니? 내가 파리를 이렇게나 찬미했나. 기억이 나지 않는다. 너무 상투적인 도시를 이야기한 것 같아서 나조차 실망스러웠다.

하지만 낭만과 퇴폐 사이, 그 경계를 모호하게 넘나드는 관능적인 사람들과 중세 고딕 양식부터 바로크, 로코코, 신고전주의, 낭만주의, 인상주의, 상징주의, 초현실주의가 부흥하고 소멸하고 축적된 파리의 오묘한 예술적 토양 위에서 과거의 시절을 상상하고 싶어졌다. 한껏 아름다운 치장을 하고 샴페인 한 잔에 예술을 논했던 19세기 아름다운 시절 벨 에포크. 영화 〈미드나잇 인 파리〉 속 예술의 황금기인 피카소의 1920년대. 영화 〈여왕 마고〉에서의 핏빛으로 각인된 16세기 종교전쟁 속 파리. 파트리크 쥐스킨트의 소설 《향수》 속 18세기 파리의 더럽고 질척거리는 진흙탕 같은 촉감과 대조되는 섬세하고 황홀한 후각……. 더 열거한다는 것 자체가 부질없을 뿐이라며 어느 틈엔가 혼자만 격양되어 파리와 황홀경에라도 빠진 듯 얼뜨게 흥분하고 있었던 나. 그런데 말이야, 정말 그럴 수도 있는 걸까? 잠깐 머무르는 여행지가 아닌 젊은 시절 한때를 파리에서 보낼 충분한 행운이 내게도 따라줄 수 있는 걸까? 헤밍웨이처럼 말이지. 파리는 날마다 축제라는데.

지금도 종종 그때의 질문을 떠올리며 파리와 베네치아 사이에서 고민해보지만 여행하는 것과 산다는 건 분명 다른 영역인 듯싶다. 거주를 위해서는 생각보다 꽤 많은 생활 요건을 촘촘히 따져보게 된다. 로망을 품은 장소이면서도 특별히 모난데 없이 일상의 잔잔한 만족감을 줄 수 있는 곳, 예술이 일상처럼 스며든 곳이어야 한다. 그래서 내게는 여전히 한참을 머뭇거려 파리가 된다.

헤밍웨이에게 가난마저 추억이 될 만큼 낭만적인 도시였다는 파리에 머물렀던 오래전 일주일을 회상했다. 그리고 기억 속 하나의 장소가 점차 뚜렷해지기 시작했다. 담쟁이덩굴이 벽을 타고 흐르는 고풍스러운 석조 건물과 아르누보 양식의 철제 발코니 장식을 따라 19세기 파리를 걸으며 세기말 아름다운 무기력의 세상 앞에 닿았다. 파리 9구 로슈푸코 거리, 단정하고 클래식한 외관을 지닌 한 건물이 내부에 화려하고 몽환적인 작품들을 감춘 채 고요 속에서 극적인 반전을 꾀하고 있었다. 유려한 나선형 계단을 오르내리며 파리 한가운데 갇힌 신비주의자가 창조해낸 그 세상을 유영하듯 탐닉했다.

미학적 패러다임과 지적인 관념을 신비롭고 관능적인 화폭에 담아낸 19세기 프랑스 상징주의 화가 귀스타브 모로의 집이자 작업실이었던 곳. 지금은 약 1,200점의 유화와 수채화 그리고 1만 3,000점에 달하는 데생으로 가득한 국립 미술관이 된 곳. 모로가 생전 그림을 그리던 3층 화실과 침실 등 개인적인 흔적이 온전히 보존되어 공간 자체가 예술이 된 곳. 파리의 그곳을 환영처럼 내내 떠올렸다. 바로 그의 삶과 기억으로 빼곡히 채운 귀스타브 모로 미술관이다.

당대 모로의 집에서는 유명한 예술가들이 모여 밤새도록

오래된 집의 탐미

귀스타브 모로Gustave Moreau, 〈환영L´Apparition〉
1876년경, 캔버스에 오일, 106×72.2cm, 파리 오르세 미술관 소장

토론을 하고 파티를 열었다. 그의 작품뿐만 아니라 그가 수집한 가구와 진귀한 이국의 물품이 가득했다. 이 모든 게 내가 꿈꾸고 있는 '나의 집'에 대한 개념이고 생생한 레퍼런스였다.

이국적인 배경 위에서 유혹의 춤을 추고 있는 살로메와 허공을 떠다니는 세례 요한의 잘린 머리. 이것은 실제인가? 살로메의 상상인가? 그것도 아니면 집단 환각인가?

헤롯왕의 생일 잔치에서 의붓딸 살로메는 왕과 손님들 앞에서 춤을 추며 그를 기쁘게 했다. 이에 왕은 그녀에게 원하는 것은 무엇이든 주겠다는 약속을 했고 살로메는 어머니 헤로디아의 꾐에 빠져 세례자 요한의 머리를 요구함으로써 예상치 못한 비극을 초래하게 된다. 성경에는 살로메가 헤로디아의 뜻을 따랐을 뿐이라고 간단히 언급되어 있지만, 모로는 그녀를 농염한 아름다움과 도발적인 춤으로 남자를 파멸시키는 팜므파탈로 묘사했다. 프랑스 소설가 위스망스는 그의 소설 《거꾸로 A Rebours》에서 모로의 살로메를 "도저히 파괴할 수 없는 육욕의 화신, 불멸의 광기를 지닌 여신, 저주받은 아름다움을 지닌 여인"이라 찬미했다. 모로 미술관 3층 개인 화실에 전시된 이 작품은 모로의 첫 살로메로, 성스러운 후광으로 둘러싸인 요한의 머리와 살로메의 신비롭고 불길한 몸짓을 통해 영적인 것과 육체적인 것 사이의 갈등, 선과 악, 남과 여, 신성과 욕망의 대비를 강렬하게 표현하고 있다.

하지만 이야기만큼 두드러지는 점은 모로 특유의 상징적인 분위기와 정교한 세부로 가득 채워진 장식적 화면이다. 이교도 신들의 형상에 둘러싸인 건축물은 이슬람 사원의 정교하고 화려한 아라베스크 문양, 비잔틴 교회의 황금빛 광채, 로마네스

　　　　　　　　　　　오래된 집의 탐미

크 교회의 육중한 기둥, 고딕 성당의 아찔한 높이, 불교 사찰의 신비로운 분위기까지 모두 아우르며 무국적·무시간의 공간을 형성한다. 이 배경은 종교적인 엄숙함과 더불어 살로메와 요한 간의 비극적이고 초자연적인 긴장감을 한층 강조하는 요소로 작용한다. 이렇듯 모로는 화폭 속에 구현된 시각적 요소를 초월적이고 철학적인 차원으로 확장해 자기만의 환상적 세계를 창조해냈다.

나는 일상의 삶보다는 예술적 낭만을 위한 집, 자연스러움보다는 인위적인 의도와 숨겨진 상징으로 가득한 집을 좋아한다. 시각적 화려함과 정서적 풍요로움을 동시에 지니며 사적이고도 공적일 수 있는, 그리고 무엇보다 관능적이면서 또 지적일 수 있는 집. 이런 대립된 이미지가 충돌이 아닌 오묘한 조화를 이루어내는 공간이기를 바란다. 이 염원은 내가 평생을 열광하는 화가 귀스타브 모로가 지닌 모든 이상이다.

'무기력의 아름다움beauty of inertia'을 창조한 그는 2년여 동안 이탈리아를 여행하며 미술의 정신적 가치에 대한 깊은 신념을 품었다. 모로는 작품을 위해 문학과 철학, 고고학은 물론 신지학, 신학, 고대 신화에 걸쳐 폭넓게 탐구했고 의상과 건축에도 각별한 관심을 기울였다. 이 과정에서 습득한 방대한 지식과 자료를 그림의 배경과 등장인물에 대한 철저한 고증을 위해 사용하는 대신, 자유롭게 선택하고 배합하여 지극히 주관적이고 독창적인 작품으로 재탄생시켰다.

모로는 평생 파리 시내에 있는 자신의 집 겸 작업실에 은거했다. 집 밖 현실 세계의 영향을 받지 않고 사실주의와 인상파가 담아낸 19세기 후반의 격동적인 일상과는 대조되는 고요하고 신비로운 자기만의 세계를 만들어 그 안에서 살았다. 그의 작품이 이토록 관능적이면서 또 지적일 수 있는 이유가 바로 여기서 비롯되었다. 나는 귀스타브 모로가 창조해낸 세상을 통해 집이란 물리적 한계를 넘어 정신적인 영역에 닿아야 한다는 내 믿음을 비로소 흔들림 없이 확신할 수 있었다. 내게 집이라는 개념은 언제나 예술가의 아틀리에 같은 곳이니까.

작업실과 생활 공간을 한집에 두고 이곳에서 작품 제작과 일상생활 그리고 사회적 교류를 이어가는 예술가의 공간은, 개인적이면서 동시에 집단적인 이중성을 지닌 흥미로운 장소다. 예술가 자신의 정체성을 오롯이 표현한 집이 다른 이들에게는 영감의 계기가 된다. 나의 집도 누군가에게 뮤즈가 될 수 있다면, 이 지루하고 우울한 드라마도 아름답게 조기 종영될 수 있을 거였다. 슬픔도, 절망도, 후회도, 두려움도 결국 행복한 추억으로 저장되고 마는 아이러니를 나는 이미 경험으로 알고 있다. 본격적인 공사를 앞두고 잊혔던 이 집의 본질적인 방향성과 콘셉트가 명료해졌다. 나는 얼마든지 실망할 준비가 되어 있다고 다시 한 번 힘주어 최면도 걸었다.

오래된 집의 탐미

일과 삶의 모호한 경계

"세상에서 가장 아름다운 모습이 무엇인지
판단할 수 있는 사람은 없다."

— 알브레히트 뒤러

유난히 '집'이라는 공간에 집착하던 아이였다. 몽상하기를
좋아했던 나는 언제나 집을 만들며 이야기를 지어내곤 했다.
레고 블록으로도, 시골 할머니 댁 뒷산 흙으로도, 잠들기 전 머
릿속 상상에서도 줄기차게 미래의 집을 그렸다. 하지만 그 집
들은 단순히 살고 싶은 물질적인 집이라기보다 부족한 현실을
벗어나 닿고 싶었던 미지의 유토피아에 가까웠다. 어려서부터
막연히 집의 외피에 쏠려 있는 허영이 아닌 내 안의 나를 만나
는 집을 꿈꿨다.

조금은 추상적이고 모호하게 들릴 게 분명하지만 여행에
서 체화한 모든 장소와 정취가 나에게 영감을 주었다. 그렇기
에 나의 집에서 어느 한 도시나 특정 시대만을 이야기하고 싶
지는 않다. 오히려 하나의 주제를 가지고 다양한 이국의 공간

과 다채로운 시대의 상징적 이미지를 은밀하고 암시적으로 해석해 조합하고 싶다. 이런 철저한 의도를 가지고 나의 집을 향한 내 순수한 환상을 표현해나갈 작정이다. 어떠한 건축적 형식과 격식에도 얽매이지 않는 (역시나 또) 근본 없는 자유분방함이 만들어낼 공간의 난해함 속에 누군가 시공간적 방황이라도 하게 된다면, 피상적으로 예쁜 집에 그치지 않고 교묘한 재미마저 채워지는 독창적인 곳이 될 수도 있을 거였다. 혼재, 혼혈, 혼용, 혼합, 혼성, 혼동, 혼돈, 혼란······. 한자 '섞일 혼混'이 빚어내는 '문화적 혼성체'. 이것이 나의 주제다. 이렇듯 내가 추구하는 가치는 추상적이지만 간결하다.

집인 동시에 작업실이기를 바라는 공간의 쓰임도 마찬가지다. 디자인 작업실과 집이라는 전통적인 두 역할을 분리하지 않고 한곳에 녹여내려는 이유는 개인적인 집이기는 해도 나의 직업과 취향이 하나의 고유한 브랜드가 되길 원하기 때문이다. 솔직히 말하자면 비용과 효율성의 문제이기도 하다. 일과 삶의 균형 '워라밸work and life balance'이 아닌 일과 삶이 결합된 방식 '워라블work and life blend'을 추구하며 일과 개인 생활의 경계가 희미한 나 같은 싱글 라이프 디자이너에게 사적인 삶과 공적인 삶을 아우르는 혼성체적 공간만큼 매력적인 선택지는 없지 않을까. 주거 공간을 '하우스house'로 인식하며 부동산 가치에 방점을 두는 사람들이 있듯 '홈home'으로 인식하며 자기 자신을 표출하는 하나의 장치로 여기는 사람들이 공존하는 다양한 방향성을 지닌 사회가 더 흥미롭다고 생각한다. 나의 집은 바로 이 혼성된 이중성에 근간을 둘 예정이다. 내게 있어 그 혼성이라는 개념의 집약은 지중해.

오래된 집의 탐미

지중해. 땅 한가운데 있는 바다. 유럽과 아랍, 아프리카 대륙, 기독교와 이슬람 그리고 유대교, 동양과 서양의 만남. 인류의 문명이 탄생하고 고대 그리스인이 학문과 철학을 꽃피운 곳. 중세 아랍 이슬람 문명이 번영하고 끝없는 항로를 따라 다양한 언어와 사상이 교차한 곳. 지중해는 태양과 바다가 영원히 지배하는 곳이다. 쉽게 어울릴 것 같지 않은 종교적 관념과 지리적 물성이 조우하며 예기치 못한 화학적 반응을 일으켜 시대를 초월해 사람들을 매혹하는 혼혈의 이미지가 탄생했다. 내게는 그렇게 형성된 혼혈 예술과 문화의 원형과도 같은 도시가 바로 지중해 베네치아다. 394년, 로마 제국이 동서로 분열되던 새로운 역사적 상황 속에서 서로마는 로마를 근간 삼아 게르만적 사회로 발전했지만, 동로마는 콘스탄티노플이 중심이 되어 그리스 사고와 동방 문화를 기반으로 번성했다. 그 황금빛 비잔티움의 영향을 깊이 받은 곳도 베네치아였다.

오래전, 베네치아의 수많은 수로를 따라 엉켜 있는 골목을 발길 닿는 대로 걷고 또 걸었다. 이 미로 같은 길로 동양의 진귀한 보석과 화려한 비단, 금보다도 귀했던 향신료와 물감 안료처럼 이국적인 보물들이 넘치게 흘러들었다. 르네상스 베네치아 화파의 화려하고 풍부한 색감과 섬세한 빛의 표현도 바로 이런 고가의 안료를 비교적 저렴하고 또 손쉽게 구할 수 있었던 베네치아의 지리적 유리함 덕에 가능했다.

15세기 베네치아는 교황의 영향력에서 비교적 자유로웠고 동서양 상업과 문화 교류의 중심지로서 개방적이고 쾌락적인 분위기가 만연했다. 그 귀했다는 아프가니스탄의 청금석(라피스 라줄리)에서 추출한 울트라마린과 저 먼 중국에서 유입된 붉은 버밀리언의 안료인 시나바(진사)를 붓끝에 담아 조르조네와 티치아노를 비롯한 베네치아 화가들은 신화적이고 관능적인 주제의 누드화로 인체의 아름다움을 예술적으로 승화시켰다. 이 지중해 도시에 존재하는 수많은 물길과 육지길을 통해 어쩌면 만나지 못했을 극동의 아시아까지 여러 세계가 하나로 연결되었던 것이다.

베네치아에서는 지도가 무용했다. 당시는 구글맵이 아닌 종이 지도가 더 보편적인 시절이었는데, 빼곡한 거미줄로 그어진 지도를 뚫어져라 쳐다보며 탐색한다 해도 한참을 돌고 돌아 이내 같은 장소에 다다르곤 했으니까. 그 도시에 혼합된 문명만큼이나 다양한 나라에서 몰려든 8월 휴가철의 넘치게 바글거리던 관광객 한 명 찾아볼 수 없는 한적한 미로에 갇혀, 결국 예매해둔 기차를 놓칠 수밖에 없었던 당혹스러웠던 기억. 과거 해상 제국의 영광을 느끼며 낭만스레 나풀대던 길 위에서 순식간 소매치기라도 당한 듯 억울한 마음을 추슬러 투덜투덜 숙소로 되돌아오던 실망의 순간마저 이 집 어딘가에 박제하고픈 과욕을 품는다. 다시 한 번 말하지만, 나는 힘을 빼는 법을 좀처럼 모른다.

본능적으로 사람들은 먼 곳에 대한 그리움과 호기심을 안고 살아가는 법이다. 특히 예술가들에게 낯선 타국 여행은 자신만의 독창적인 예술세계를 넓히고 작품에 새로운 화풍과 주제를 도입하는 영감의 원천이 된다. 모로코로 떠났던 마티스는 자신만의 독특한 장식적 표현을 확립했고, 르느와르는 이탈리아에서 라파엘로의 아름다움에 깊은 감명을 받아 고전적인 회화 기법을 재탐구했다. 들라크루아는 알제리의 여인과 바자르

오래된 집의 탐미

풍경에서 발견한 이국적 관능을 화폭에 옮겼다. 이처럼 하나의 인상적인 여행은 한 사람의, 한 예술가의 인생에 중대한 변곡점을 그린다. 그러나 온몸으로 르네상스 전성기를 살다 간 뒤러만큼 일생 동안 여행과 밀접한 관계를 맺은 예술가도 드물지 않을까.

뒤러는 자신의 예술적 성숙과 기술의 발전을 연대기적으로 담아낸 자화상을 즐겨 그렸다. 이 자화상들은 중세와 르네상스의 전환기에서 예술가가 스스로를 인식하고 표현한 방식을 흥미롭게 보여주는 징표다. 중세의 예술가는 익명성 속에서 장인의 역할에 머물렀지만 르네상스에 이르러 점차 독창적이고 고유한 창조자로서의 자아를 확립해나갔다. 뒤러는 여러 차례 이탈리아와 플랑드르를 여행하며 얻은 풍부한 예술적 경험을 통해 자신의 시각을 확장했고 이러한 변화는 그의 자화상에 깊이 반영되어 있다.

1493년에 그린 〈21세 자화상〉. 뒤러는 스트라스부르 여행 중, 결혼 소식을 접하고 아내가 될 사람을 위해 최초의 회화 자화상을 제작했다. 손에 든 엉겅퀴는 사랑과 충성, 예수의 수난을 상징하며 그림 상단에는 스트라스부르 방언으로 '저 높은 곳에 계신 하느님 뜻대로 나는 나의 길을 가련다'라는 글귀가 선명히 새겨져 있다. '다짐의 자화상'으로도 불린다.

1500년의 〈28세 자화상〉. 일명 '예수를 닮은 자화상'으로 알려진 이 작품은 신성모독으로 여겨질 만큼 파격적인 구도로 주목받았다. 당시 정면 초상화는 그리스도만을 위한 형식으로 간주되었기 때문이다. 그러나 뒤러는 '나를 본떠서 삶을 살아라'라는 신의 명제를 통해 예술가의 역할을 변론하며 평단

1493년, 양피지에 오일, 56.5×44.5cm, 파리 루브르 박물관 소장(좌)
1500년, 패널에 오일, 67.1×48.9cm, 뮌헨 알테 피나코테크 소장
1522년, 종이에 연필, 40.8×29cm, 현재 유실됨(우)

의 반전을 이끌어냈다. 왼쪽에는 그의 모노그램을, 오른쪽에는
'나, 뉘른베르크의 알브레히트 뒤러는 28세 나이에 불멸의 색
으로 나를 그렸다'라고 적어놓았다.

그리고 1522년에 그린 〈슬픈 사람으로서의 자화상〉. 뒤러
는 이 작품에서 늙고 쇠약해진 자신의 몸을 그리스도의 도상으
로 묘사하며, 생애 말년의 철학적 성찰을 드러냈다. 늘어진 근
육과 처진 피부는 마치 이젠하임 제단화 속 처절한 예수의 고
통을 연상시키며 그의 냉철한 자기 객관성을 보여준다. 말년에
가서 뒤러의 그림에는 독일적 정서와 종교적 상징이 더욱 부각
되었다.

여행이 보편적이지 않던 시절 뒤러는 창작의 열망에 이끌
려 위험을 무릅쓰고 평생 여행을 이어갔다. 심지어 결혼 4개월
만에 아내를 흑사병이 창궐한 고향 뉘른베르크에 홀로 남겨두
고 베네치아로 떠나기도 했다. 1년이라는 시간 동안 벨리니, 조

오래된 집의 탐미

르조네, 티치아노 등 당대의 반짝이는 거장들과 교류하며 강렬한 색채와 빛의 조화를 탐구한 그는, 이후 대기의 변화가 두드러지는 풍경화 작업에 몰두하게 되었다.

여행을 통해 내적인 성장과 예술가로서의 면모를 완성하고 급기야 여행길에서 얻은 말라리아 때문에 갑작스러운 죽음을 맞이한 뒤러. 어느 예술가보다 '여행'이라는 키워드가 잘 어울리는 그의 자화상 속에선, 삶과 죽음을 유리시켜 이해하지 않고 당당하게 받아들이는 인문주의자의 눈빛이 엿보인다.

나는 언제나 나른한 쉼이 아닌 탐험의 자극을 위해 떠났다. 내게 여행이 하고 싶다는 말은 어느덧 말끔히 고갈된 영감과 무뎌진 심미안을 예민하게 벼려야 하는 때가 왔음을 알리는 신호와도 같았다. 예상치 못한 미지의 우연을 걷고, 나와 전혀 다른 음악처럼 들리는 언어를 쓰고 평생 냄새 맡아본 적 없는 신기한 음식을 먹는 낯선 사람들을 만나며, 또 그 속에서 낯선 나를 발견했다. 여행은 애써 외면해온 내면과 깊숙이 조우하며 화해하게 이끌었다.

베네치아를 떠나는 기차 안에서 나는 이 미로 같은 지중해의 수로 어딘가쯤 비밀스레 '나의 공간'에 대한 열정을 각인해 두었다는 생각을 했다. 훗날 다시 한 번 이곳을 찾는다면 나란 사람과 베네치아의 물빛은 어떻게 변해 있을까? 르네상스 시대부터 지금까지 예술가들을 마력처럼 끌어당긴 이곳은 한 치의 변화도 없을지 모른다. 마치 그날 이후 단 1초도 흐르지 않았다는 듯이. 그러나 부디 나만은 좀 더 원숙해진 모습으로 혼자가 아닌 누군가와 손을 맞잡고 이 수로를 걷고 있다면 좋겠다.

이국의 여행길에서
체화한 영감으로

"모든 것은 변한다. 그것이 돌일지라도."

— 클로드 모네

나에게 정말로 필요한 집의 실용적 기능과 미학적 가치만 모아놓는다면 과연 어떤 모양의 공간이 탄생할까?

주거 공간과 상업 공간은 각기 다른 목적과 기능, 그리고 사용자 경험을 반영하여 디자인되기에 본질적으로 뚜렷한 차이를 지닌다. 주거 공간은 개인의 생활 패턴과 편안함을 중심으로 아늑하고 안정감 있는 환경을 조성하는 데 중점을 둔다. 반면 상업 공간은 브랜드의 정체성과 개성을 강조하며 대담한 시각적 자극으로 독창적인 인상을 추구한다. 이를 흥미로운 철학적 개념에 빗대어 표현해보자면 주거 공간은 토머스 모어의 유토피아에, 상업 공간은 미셸 푸코의 헤테로토피아에 가깝다. 주거 공간이 개인에게 안식과 이상적 삶을 꿈꾸게 하는 곳이라면, 상업 공간은 일상의 틀에서 벗어나 특별한 경험과 일탈을 선사하는 장소가 된다.

나는 이런 두 공간의 상이한 특성을 애써 하나의 공간에 녹여내고자 했다. 안락한 주거 공간이지만 상업 공간의 미감을 따른 집. 단순히 뉘앙스만 풍기는 것이 아니라 필요할 때 실제 상업 공간으로도 탄력적으로 전환할 수 있는 집. 더한 욕심을 내자면, 추후 팔게 되더라도 주거로도 상업적으로도 큰 결격 사유 없이 매력적인 공간이기를 원했다. 그렇게 나는 '집'이라는 공간에 많은 가능성을 넣고 싶었다. 오래 머물 수 있는 편안한 공간이면서도 금방 싫증 나지 않고, 볼수록 감흥을 돋워주는 이중성을 꿈꾸었다.

나만의 뚜렷한 콘셉트와 여행길에서 모아온 이미지와 감각을 한곳에 쌓아두고 그 조각들을 쉼 없이 조립하고 해체하며 집의 디자인을 완성해나간다. 기존 집이 지니고 있는 1970년 대의 전형적인 한국 주택 형태는 고스란히 살리되 빈티지한 색감 요소를 결합해 이국적인 풍광을 연출해낸다. 끊임없이 기억을 되새김질하며 내 심상 깊이 새겨진 테라코타빛 기와의 박공지붕, 딥그린의 양문형 메인 도어, 안과 밖을 자연스럽게 연결해주는 열린 형태의 폴딩 도어 이미지를 과감히 그려 넣는다.

디자인 포인트 ① 단열 폴딩 도어

"아무리 단열이라도 폴딩 도어는 추위에 취약하고 겨울철에 결로가 발생할 수 있어요."

"괜찮아요. 폴딩 도어를 활짝 열면, 마치 공간이 확장되는 듯한 개방감이 들겠죠. 나중에 마당에 데크를 깔고 정원을 가꾸면 훨씬 더 근사해질 거예요. 그때를 위해서라도 폴딩 도어를 달겠어요."

디자인 포인트 ② 양개 도어 메인 현관문

"문이 집에 비해 너무 크지 않을까요? 게다가 양개 도어를 달기엔 폭이 좁아서 불편하실 거예요."

"괜찮아요. 양개 도어가 주는 분위기가 있잖아요. 가능한 한 최대 사이즈로 제작할게요."

디자인 포인트 ③ 외부 계단 타일 바닥

"외부 타일 바닥은 비 오는 날 미끄럽고, 겨울에는 추위 때문에 갈라지고 터질 수도 있어요."

"괜찮아요. 미끄럽지 않은 외부용 타일을 선택하고 만약 문제가 생기면 교체해야죠. 그 정도는 감수할 수 있어요."

철거를 하며 사라진 거실 위 다락 자리 일부에는 복층 구조를 만들었다. 박공지붕의 형태가 군데군데 드러나는 천장고 높은 실내에서 느껴지는 공간감과 개방감을 해치지 않을 정도로만, 더블 사이즈 매트리스를 놓고도 약간의 여유가 남을 딱! 그정도 넓이만큼만, 은밀하고 고요한 느낌을 자아내는 낮지만 아담한 복층을 그려 넣었다.

오래된 집을 리모델링하는 일은 단순히 낡은 건물을 고쳐 살기 편하게 만드는 것 이상의 의미가 있다. 마모된 질감의 벽돌이나 빛바랜 나무처럼 세월이 흘러야만 얻을 수 있는 독특한 건축 요소는 보존하고 그 위에 현대적인 미감을 더함으로써 과거에 대한 가치 있는 재생과 깊이 있는 재해석의 아름다움을

오래된 집의 탐미

창조해내는 과정이다. 이는 집이 간직한 역사와 그 속에서 살아갈 나의 서사를 읽어내며 집 자체가 하나의 독창적인 이야기를 들려주는 살아 있는 매체로 다시 태어나게 해준다.

디자인 포인트 ④ 투명한 빈티지 중문

"중문을 투명 유리로 한다고요? 저 중간 금속 바는 굳이 필요 없지 않나요? 쓸데없는 데다 고집을 부리시네요."

"디자인상 바는 꼭 있어야 해요. 절대 쓸데없는 장치가 아니에요. 중문은 물리적으로도 시각적으로도 거실과 자연스럽게 연결하고 공간감을 증폭하기 위해 반드시 투명 유리로 해야 합니다. 무엇보다…… 예쁘잖아요."

디자인 포인트 ⑤ 화장실 슬라이딩 도어

"슬라이딩 도어는 냄새와 생활 소음에 취약합니다."

"어쩔 수 없죠. 그리고 이 문에 잠금 장치를 달면 디자인이 망가질 것 같으니 생활하다 필요하면 그때 제가 부착할게요."

디자인 포인트 ⑥ 전체 바닥 타일 마감

"카페도 아닌데…… 바닥 전체를 다 타일로 깔아요?"

"네, 카페는 아니지만 그렇게 할 거예요."

형태상으로는 현관, 거실, 작업실, 방, 주방, 욕실, 복층, 다락의 전통적인 구조로 공간이 나뉘어 있지만 좀 더 꼼꼼히 시안을 살피면 모든 개별 장소가 유기적 메커니즘으로 연결되도록 디자인되었음을 알 수 있다. 거실과 복층은 반쯤 열린 투명 유리창으로, 방과 복층은 계단으로, 오픈된 구조의 복층을 통해 방과 거실이 하나로 이어진다. 또한 복층 계단 끝과 연결된 주방 위 기존 다락은 상부벽 마감 없이 작업실과 자연스럽게 연결되므로, 결국 이 조각조각의 여러 공간이 하나인 셈이다.

이렇게 대문에서 다락까지 어디 하나 막힌 곳이 없도록 하나의 시퀀스로 연결한다. 선형의 시간이 흐르고 흘러 결국 제자리로 돌아오는, 무한히 순환하는 공간이길 의도했다. 내 일과 삶의 경계가 모호하듯 개별 공간 간의 경계가 흐려지도록 관습적 기능과 고정적 틀을 혼합해 이 집만의 새로운 일관성을 부여해주었다.

이런 디자인 의도는 18세기 프랑스 살롱처럼 지적이고 예술적인 관계가 벌어지는 열린 공간을 추구하며 사람들과 교류하고 싶은 연결 욕구가 물리적으로 표출된 것이기도 하다. 특히 비혼주의자든 비자발적 싱글이든 혼자 나이 들어가는 현재를 함께 이야기하며 위로받고 용기를 건넬 수 있는 장소가 되길 바란다.

미혼의 삶은 잠시 머물다 결혼이라는 다음 단계로 넘어가기 위한 과도기가 아니다. 그러니 누구나 낯선 익명의 이방인으로 관계하는 이 대도시에서 우리 모두 수많은 시행착오를 겪을지라도 씩씩하고 단단하게 성숙해가는 중이라고 자화자찬할 수 있었으면 좋겠다. 문학과 예술 한 조각쯤은 논할 줄 아는, 이 얼마나 우아한 싱글 라이프냐며 함께 와인 한 잔 기울일 수 있는 곳이기를 바라는 마음이 디자인에 고스란히 드러나 있다. 하나의 공간을 만든다는 것은 모던이냐 빈티지냐 하는 인테리어 스타일이 아닌 그 공간을 바라보는 태도로 규정된다.

디자인 포인트 ⑦ 한 곳만 설치한 방문

"이쪽 방에는 문을 안 다나요?"

"도어 견적이 예상보다 너무 비싸서요. 이 방문은 여유가 생기면 달려고 합니다. 답답하지 않고 오히려 괜찮지 않나요?"

디자인 포인트 ⑧ 레일등을 포함해 다채로운 디자인의 펜던트 조명

"이 샹들리에는 어떻게 설치하는 거예요?"

"박공 경사면에 이 조명을 달려면 먼저 천장에 프레임을 짜야 해요. 그런 다음 크리스털을 하나하나 순서대로 줄에 걸고 위에서 높낮이를 맞추어 직결한 다음에……"

디자인 ⑨ 그대로 노출한 벽돌과 거친 콘크리트면

"이걸 다 마감 없이 그냥 둔다고요?"

"네!"

그동안 내가 해온 공간 작업들은 의뢰받은 형태였기에 결정적인 때마다 항상 클라이언트의 의견을 따를 수밖에 없었다. '이게 더 나은데'라는 아쉬움과 '어차피 내 것이 아닌데'라는 박탈감에 가까운 상실감이 필연적으로 밀려오곤 했다. 그렇지만 이건 내 공간이니까, 예산이 허락하는 한 내 마음대로 더 많은 자유를 줄 수 있다.

상업 공간을 디자인하는 사람들은 강렬한 시각적 자극에 지쳐 자신이 사는 집은 더 무난하고 차분하게 꾸미기를 원하기도 한다. 하지만 나는 다르다. 클라이언트의 공간에 끝내 표현해내지 못한 것들을 내 공간에 마음껏 펼쳐내야만 했다. 순간,

클로드 모네Claude Monet, 〈수련 - 구름The Water Lilies - The Clouds〉
1914~1926년, 캔버스에 오일, 200×1275cm, 파리 오랑주리 미술관 소장

지난 한을 모조리 풀어내기라도 하듯 굉장한 자유로움이 느껴
졌다. 내 생애 최고의 플렉스라 해도 과언이 아니다. 남겨진 삶
의 또 어느 시절에 이처럼 나만의 공간을 치열하게 꾸밀 기회
가 있을까. 디자인이 너무 과한 건 아닌가 싶은 의구심도 탁 내
려놓고 인생에서 다소 희귀할 수도 있는 이 경험을 유희하도록
하자!

과감한 레이아웃과 타일, 노출 콘크리트, 빈티지 철제 프레
임 등 평소 내 감각의 정수가 담긴 개성 있는 마감재로 디자인
을 완성하고 나니, 공사를 앞두고 여전히 불안했던 마음도, 베
네치아의 골목길 같던 뒤죽박죽 엉킨 머릿속도 널찍하게 구획
된 신도시의 반듯한 도로망처럼 개운해졌다. 마치 모네가 지베
르니에 자신의 이상적인 풍경을 직접 설계하고 정원을 캔버스
삼아 꿈꾸던 회화를 구현해냈듯 나도 이 집을 통해 나만의 미
학적 비전을 물리적 공간에 아낌없이 투영했다. 모네에게 지베
르니가 예술적 실험과 성취의 장이었듯 이 집은 나의 미적 세
계가 가장 순도 높은 물형으로 응축된 화폭이다.

오래된 집의 탐미

　동쪽에서 떠오른 빛이 서쪽의 일몰로 스러질 때까지 긴 하루의 흐름 위로 수련과 버드나무 가지, 반사된 나무와 구름으로 중첩된 물의 풍경이 푸르고 흰 색조 아래 침묵처럼 펼쳐진다. 수평으로 길게 확장된 이 철학적 파노라마는 모네가 말한 "끝없이 이어지는 전체, 수평선도 기슭도 없는 물결의 환상" 그 자체로 무한한 공간감을 드러낸다. 자연은 끊임없이 변화하지만 그 속에서도 지속되는 본질적인 아름다움과 영원성을 간직하고 있다. 이러한 자연의 속성은 인간이 제한된 시간 속에서 느끼는 덧없음을 일깨우며 우주의 불변성과 인간 존재의 유한성을 묵상하게 만든다.

　수면 위에 비친 구름과 수면 위로 떠 있는 수련은 실재와 반영(물 위의 그림자)의 경계를 흐릿하게 만들 뿐 아니라 인간과 자연, 시간과 공간, 물질과 비물질의 이분법적 구분마저 허물어뜨린다. 작품 앞에 선 우리는 이러한 경계를 인식하지 못한 채, 어느새 깊은 몰입과 물리적 세계를 초월한 명상의 경험 속으로 아스라이 빠져들게 된다.

인상주의의 아버지로 불리는 모네가 그의 말년, 백내장의 장막 너머에서 완성한 〈수련-구름〉은 그의 삶과 예술적 비전이 응축된 역작으로 이후 20세기 추상 표현주의 화가들에게 강렬한 영감을 남겼다. 특히 구체적 형상을 해체하고 색채와 빛의 리듬만으로 화면을 구성한 그의 방식은 잭슨 폴록의 액션 페인팅과 마크 로스코의 색면 추상에 중요한 단초를 제공했다.

모네가 일생 동안 추구했던 목표는 햇빛이 대기를 뚫고 내려와 물 표면에 부딪히는 찰나의 시정이었다. 그럼에도 말년에 이르러 "그 목표를 평생 추구했지만 내 마음에 완벽하게 드는 그림을 한 점도 그리지 못했다"라고 회고했으니 결코 만족을 모르는 완벽주의 예술가다운 고백이다.

하지만 모네는 꽤 오래 살았고 작품이 외면받은 채 생을 마감한 다른 인상파 화가들에 비해 뒤늦게 큰 부와 명성도 얻었다. 덕분에 1890년, 파리 근교의 작은 마을 지베르니에 꽃향기로 만발한 물의 정원을 가꾸며 약 43년간 수련 연작을 포함한 250여 점의 작품을 완성할 수 있었다. 이제 더 이상 그림을 위해 아르장퇴유나 베퇴유를 옮겨 다니며 원하는 각도와 광선이 나올 때까지 한없이 기다릴 필요가 없게 된 것이다. 평생 빛, 물, 색채를 좇던 모네는 자신이 꿈꾸던 이상적인 회화의 풍경을 지베르니에 직접 구현하고 그 풍경을 다시 화폭으로 옮겨 담았다.

네덜란드 꽃 정물화는 바니타스(vanitas, 허무)였고, 오딜롱 르동이 그린 꽃은 한 편의 상징주의 시였으며, 반 고흐의 해바라기는 내면의 폭발하는 열정이었고, 파울 클레의 꽃은 음악적 리듬 그 자체였다. 그리고 모네에게 수련은 빛과 색채를 탐구

오래된 집의 탐미

하는 도구이자 철학적 성찰과 내적 치유의 복합적 상징이었다. 그렇다면 나에게 꽃, 곧 자연은 앞으로 어떤 의미가 될까.

자연과 예술을 융화해 원하는 모든 것을 창조해낸 그의 집은 너무도 싱그럽고 찬란했다. 연못에 반사된 안온한 태양 아래 정원을 거닐고 가꾸는 모네를 상상하니 눈이 부셨다. 불현듯 내가 구상한 인공의 디자인에 자연을 덧대야겠다는 생각이 들었다. 이제껏 자연 가까이 살아본 적 없던 내게 아차산이라는 초록이 생겨났으니 '아차산 자락, 작고 오래된 단독주택'이라는 명칭에 걸맞게 작은 정원이라도 가꾸고 싶어졌다. 모네에게 지베르니의 정원과 연못이 환희와 절망을 동시에 안겨준 예술의 실험실이었듯 나도 이 집에서 자연과 어울리며 예술적인 일과 삶을 꾸리고 싶었다.

내 구원이 되어준 새로운 파트너는 이 디자인에 얼마의 견적을 던질 것인가? 대출은 더 받을 수 있을 것인가? 이미 집을 매입하며 한차례 큰 대출을 받았지만 예기치 못한 시간 지체로 지금 가진 돈만으로는 도저히 감당할 수 없는 상황이 되어버렸다. 그사이 인건비도 자재비도 무섭게 치솟고 있었다. 임시 거주처인 지층 원룸의 임대 계약을 또 한 번 연장해야 하는데 빌라 어르신께는 아직 답변이 없었다. 이런, 다시 불안해지기 시작하네. 불안마저 나를 닮았는지 시도 때도 없이 변덕을 부린다. 시시각각 변하는 이 무력한 감정 속에서 나도 지베르니의 모네처럼 자연과 함께하는 반복적이고 일상적인 아름다움으로 하루빨리 심리적 안정과 내적 평화를 찾고 싶다. 매일 밤, 그런 일상으로 걸어 들어가는 나를 상상하며 잠이 든다.

드디어 재개된 공사

"꽃을 보고자 하는 사람에겐 어디에나 꽃이 피어 있다."

— 앙리 마티스

밤에 한바탕 세찬 비가 내렸다. 공사를 다시 시작하려면 아직 2주는 더 기다려야 한다. 종종 희망으로 부풀다가도 통장 잔고와 밤새 길냥이들이 할퀴고 간 폐가 같은 집을 마주할 때면 여지없이 심란해졌다. 시공 업체는 다른 프로젝트로 언제나 바빴다. 마냥 손 놓고 있어도 괜찮은 걸까. 정식 계약을 한 상태도 아니고 구두로만 약속된 공사 재개 시점까지 시간이 얼어붙은 듯 더디게 흐르고 있었다. 설마, 또 엎어지는 건 아니겠지……. 몇 달간 타의적으로 쓸데없이 잘 학습된 걱정이 뿌리 깊게 자리를 잡았나 보다.

별걱정을 다하네. 그렇지? 그런 거지?

6월의 도입부, 봄날 내내 흩뿌려지던 총천연색 달큰한 꽃향기가 초록의 싱그러운 풀향으로 치환된 채 초여름 밤공기에

묻은 산자락 냄새가 벌써부터 내 몸 가득 여름을 안긴다. 가만히 시간만 죽이고 있을 일은 아니지. 디자인 시안과 도면을 (미리부터 예산을 우려하며 지극히 공손한 태도로) 업체에 건네고 오래전부터 예정되어 있던 제주도 가족 여행을 다녀왔다. 그사이 공사 견적서가 작성될 예정이었다.

무려 4박 5일, 엄마의 칠순과 아빠의 성공적인 폐암 수술을 기념하며 열 명의 대가족이 효심과 끈끈한 가족애를 보여주겠다는 비장한 결의를 장착하고 허둥지둥 국내선 비행기에 올랐다. 두 살 꼬맹이의 막무가내 울음부터 어떤 장문의 질문에도 짧은 답변만 내놓을 뿐인 초등학생 조카들의 때 이른 쿨내, 분주히 우리 단체 관광객의 캐리어를 부치고 발권하며 흡사 여행 가이드로 변신한 남동생과 제부의 벌써부터 피곤한 표정, 빨리 안 움직인다며 잔소리를 쉬지 않는 칠십 대 꼰대 아빠의 다시금 건강해진 웅얼거림, 그리고 오랜만에 한자리에 모인 네 여자의 두서없는 반가운 수다와 결코 멈출 리 없는 셀카.

거의 15년 만에 다시 찾은 제주도는 예전엔 볼 수 없었던 세계적인 건축가가 설계한 고품격 미술관과 여전히 오묘한 남국의 바다빛 그리고 화산이 연출해낸 기묘한 자연물들로 호사스러운 장관을 내뿜었다. 바다 앞 펜션의 야외 테라스에서 새벽 여운이 남겨놓은 푸른 아침빛과 짭조름한 태양의 진홍빛 잔향에 반짝이는 야자수 잎사귀를 바라보며 이 비현실적인 순간을 한 달만 더 부여잡고 싶은 마음도 일었다. 아니, 1년도 가능한 거 아닌가? 서울만 고집하며 낯선 변두리의 50년 된 집을 굳이 고쳐 산다는 게 부질없는 헛소동같이 느껴졌다. 서울에서의 지난 몇 달이 오히려 꿈인 듯했다. 서울은…… 상투적인 허위 같았다.

신명만 날 것 같던 4박 5일이었지만 현실은 두 살배기부터 칠십 대까지 인간 나이의 거의 모든 스펙트럼을 지닌 우리 가족들에게 차츰 인내심을 요구하기 시작했다. 하고 싶은 것도, 먹고 싶은 것도, 보고 싶은 것도, 그 나이대에 맞게 각자의 성향에 맞게, 맙소사! 세상 제각각이었다. 싫어하는 이유는 언제나 좋아하는 이유보다 강력했다. 바이크로 우도를 신나게 질주하며 맛집을 탐험하고 흐드러진 수국에 파묻혀 행복해하는 소녀 같은 엄마와 힙한 중문 바에서 알싸한 취기까지 더했지만 마지막 밤 요트 투어에서는 엄청난 피로감을 숨길 길이 없었다. 그래도 한참을 지나 보니 그리울 장면만이 남았다. 늘 반쯤은 고의적인 이런 식의 망각 덕분에 큰 상처도 하찮은 생채기도 아름답게 봉합되기 마련이다.

"가족들만 생각하면 머리가 지끈거린다."

대가에게도 가족은 결코 쉬운 존재가 아니었나 보다. 이것은 1911년 5월 26일, 마티스가 가족을 화폭에 담아내며 남긴 기록이다. 예술적 자유를 갈급하는 화가로서의 자아와 가장으로서 가족을 부양해야 하는 책임감 사이에서 그는 줄곧 내적 갈등을 겪었다. 아내와 결혼할 당시에도 "아멜리, 나는 당신을 사랑하오. 하지만 나는 그런 당신보다 그림을 더 사랑할 것이오"라고 말했을 정도로 마티스의 예술에 대한 열정은 삶에서 절대적 우위를 차지했다. 안타깝게도 그의 이 태도는 가난했던 무명 화가 마티스를 물심양면으로 지지해온 아멜리에게 깊은 실망과 고립감을 안겨주었고 결국 창작과 가족이라는 두 세계 사이에 필연적인 균열을 유발하고 말았다.

오래된 집의 탐미

앙리 마티스Henri Matisse, 〈화가의 가족The Family of the Artist〉
1911년, 캔버스에 오일, 143×194cm, 상트페테르부르크 에르미타주 미술관 소장

마티스의 〈화가의 가족〉은 겉보기엔 감각적인 실내 장식에 둘러싸인 한 가족의 평온하고 일상적인 풍경을 담고 있다. 그렇지만 그 안을 내밀히 들여다보면 미묘한 긴장감이 팽팽히 흐르고 있는 게 느껴진다. 가족 구성원들은 각기 다른 곳에 시선을 고정한 채 자신만의 세계에 갇혀 있다. 서로 간의 교감은 어디에서도 감지되지 않는다. 마티스는 이처럼 불편하고 숨 막히는 정적을 더욱 극적으로 강조하려는 듯 원색의 강렬한 색채 대비와 현란한 장식 패턴을 활용해 작품에 심리적 역동성을 불어넣었다. 그림 전반에 깔린 밝고 따뜻한 색조는 가족에 대한 애정을 드러내는 한편, 대비되는 색채는 마티스가 느꼈던 내적 갈등과 가족과의 거리감을 나타낸다. 꽃무늬 벽지와 카펫에는 화목함과 온기가 배어 있지만 그 위를 뒤덮은 반복적인 문양은 가족 간에 얽힌 복잡다단한 정서를 은유적으로 표현해준다. 이처럼 야수파의 거장 마티스에게 색채와 장식은 단순한 미적 장치를 넘어 감정과 분위기를 표현하는 독창적인 예술 언어였다.

묘사된 개별 인물 또한 특정한 컬러 팔레트와 연결되며 각자의 성격이나 그들과의 관계를 상징한다. 체스를 두고 있는 붉은 옷의 두 아들 장과 피에르는 활력과 에너지를, 멀찍감치 소파에 앉아 뜨개질하는 부인 아멜리는 중립적인 황갈색으로 관조적인 태도를, 그리고 오른쪽에 서 있는 딸 마르게리트는 검은색 옷으로 고독과 내면의 깊이를 암시하고 있다.

여기에는 딸 마르게리트를 향한 마티스의 남다른 애정도 은은히 묻어 나온다. 마르게리트는 여섯 살에 디프테리아를 앓고 튜브에 의지하는 삶을 살게 되었지만 그 고통을 꿋꿋이 이겨내고 이후 아빠의 가장 든든하고 냉철한 지지자로 성장했다.

오래된 집의 탐미

그림 속 그녀는 커다랗고 묵직하게 자리 잡은 채 굳건히 두 발을 딛고 강인한 미소를 머금고 있다. 아마도 마티스에게 마르게리트는 특별히 애정하는 아픈 손가락이었으리라.

이처럼 마티스에게 가족은 복합적이고 양가적인 존재였다. 때로는 고민거리이자 골칫덩이로 다가왔지만, 동시에 가족은 삶의 의미를 발견하는 원천이었고 개인적인 경험을 보편적인 예술 주제로 승화시킬 수 있는 중요한 동력이었다. 사실 우리 모두에게 가족이란 그런 불가피한 모순이 아닐까.

내 가족은 어린 시절 숨기고픈 근경이었고 다 자란 이후에도 긴 시간 외면하고픈 원경이었다. 내 삶의 배경으로만 자리했을 뿐 좀처럼 내 그림의 주제가 되지는 못했다. 세월이 무심히 지나는 동안 부모님은 내 삶 가까이에 있었지만 마음으로는 동떨어진 세계였다. 동생들과의 관계 역시 크게 다르지 않았다. 나이 차는 많지 않았어도 우리는 각기 다른 생의 주기를 살아갔고, 그러다 보니 동질감보다는 괴리감을 느낄 수밖에 없었다. 아마 그들의 삶에서 나도 하나의 배경에 지나지 않았을 거다.

화목하게 섞이지 못하고 겉돌던 우리 가족이 서로를 이해하고 있는 그대로 받아들이기까지는 많은 시간이 흘러야만 했다. 부모님은 세월의 무게를 견디며 그 기가 한풀 꺾여야 했고, 동생들은 결혼해 아이를 낳고 키우며 부족한 부모의 입장이 되어보아야 했다. 그리고 나는…… 자기들만의 새로운 가족 안에서 웃고 의지하며 고군분투하는 모습을 바라보며 세월의 직격을 정면으로 마주해야만 했다. 부모님과 동생들은 내게 어떤 짐도 지우지 않는다. 아무것도 요구하지 않는다. 호들갑스러운 응원 대신 그저 지금처럼 사서 고생하지 말고 조금만 더

편하고 행복하게 살기를 바란다며 울림 있는 진심을 전할 뿐이다. 그럼에도 매년 설날 아침이면 "올해는 꼭 결혼할 거니 걱정 마!"라고 큰소리치면서도 여전히 혼자인 내가 그들에게 조금은 아픈 손가락인가 보다. 종종 나를 향하는 눈빛이 촉촉해지는 걸 보니 말이다. 고개를 돌려 바라보니 비행기 창밖으로 제주도의 마지막 빗방울이 도르르…… 흩어진다.

여행을 마치고 서울 아차산 자락에 도착해 업체가 보내온 견적서를 확인해보니 다행히 합리적이었다. 아니, 솔직히 말하자면 다른 곳보다 저렴한 편이었다. 휴…… 살았다. 정말 떨렸거든. 자, 이제 예산을 줄이기 위해 무얼 어떻게 해야 하나? 저렴하다고 표현했지만 이는 개별 공정마다의 금액이 그렇다는 것이지 모든 항목을 합한 전체 견적은 역시나 높았다. 상업 공간 같은 개성 있는 빈티지 디테일과 바닥 보일러, 단열 같은 주거 공간의 편의성을 동시에 담아내야 했기에 어느 정도의 예산 상승은 피할 수 없었다. 더군다나 로망이란 로망은 다 욱여넣은 시안이었고 공사 기간이 길어지면서 원룸 렌트비와 대출 이자에 더해 한동안 수입도 없었으니 지금 내게 가장 시급한 건 예산을 어디서 얼마나 효율적으로 줄일 수 있느냐였다.

지하로 내려가는 길에 렉산 지붕을 설치하지 말까? 마당 데크는 없애야 할까? 거실 폴딩 도어는 꼭 필요한 걸까? 중문이 없으면 추울까? 복층 철제 단조 창 대신 그냥 금속 난간만 다는 건 어떨까? 꼭 시스템 창호여야만 할까? 지하와 담장 페인트만이라도 내가 해볼까? 아니, 그러지 말고 아예 복층 자체를 만들지 않는 게 맞을까?

난리 난 머릿속을 정리하는 나만의 유용한 방법이 있다. 마

오래된 집의 탐미

치 마임 배우처럼 개별 디자인 요소마다 '있다/없다'를 상상하며 텅 빈 집에서 미래의 일상을 연기해보는 것이다. 가령 오늘은 1월 겨울날 어느 아침이다. 복층 침대에서 눈을 뜬다. 작은 쪽창이지만 남향이라 겨울 햇살이 부드럽게 스며든다. 뜨끈한 전기장판을 떠나고 싶지 않은 마음을 억지로 달래며 몸을 반쯤만 일으켜 자연스레 복층 아래 거실뷰로 시선을 향한다. 좋다. 마음에 든다. (삑! 경고!! 금속 난간 하나로는 아찔한 아침을 맞을 수도 있겠다. 전체를 유리로 막자.) 흐뭇한 마음으로 계단을 내려온다. 일단 창문을 활짝 열어 환기 먼저 시키고 양치질을 하고 음악을 틀고 라테도 한 잔 준비하며 분주한 듯 익숙한 듯 하루를 시작한다. 마당에도 나가본다. (삑! 경고!! 마당이라고 해봤자 손바닥만 해서 굳이 데크까지는 필요 없을 것 같다.) 뼛속까지 찡한 한기가 엄습한다. 산자락이라 신사동에 살 때보다 이삼 도쯤 기온이 더 낮게 느껴진다. 다시 전기장판 속으로 들어가고픈 아차산 자락에서의 첫겨울 아침이다. (삑! 경고!! 중문은 반드시 있어야 한다. 시스템 창호는 선택이 아닌 필수. 내단열의 강도도 올리자.)

이 공간의 기획자이자 디자이너, 그리고 공간 사용자인 나. 지금 나만큼 이 집을 잘 이해하는 사람은 없다. 완벽하다. 만드는 사람이 곧 사용자니까. 날려버린 큰 공정부터 세부적인 마감 디테일까지 야무지게 조정하고 직접 작업할 수 있는 항목은 삭제하며 가용 가능한 전체 예산을 맞추고 나니 산뜻하게 몇 천만 원이 내려갔다. 음, 나는 좋은데 시공사 대표님이 실망하면 어떡하지. 이렇게 줄여버리면 곤란하다고 또다시 퇴짜 맞으면 어쩌지. 갑의 당당함은 처음부터 없었다. 나는 너무도 당연하게 을이 되어버렸다. 소박한 예산과 플랜 B가 없는 간절함은 갑의 품위를 지켜주지 못한다.

시공사 대표님은 살짝 건조하고 담담한 스타일이다. 당연히 조금은 가격 조정을 해주겠지 싶었고, 그게 아니라면 관례상 십만 원 단위 절사쯤은 기분 좋게 넘어가는 게 상도이지 싶었던 나의 뻔한 기대를 당연하다는 듯 저버렸다. 단 1원도 깎아주지 않은 완강한 그는 냉정도 없고 과잉의 친절도 없다. 어쩌면 그래서 오히려 더 신뢰가 가는지도 모르겠다. 단정히 선을 지키고 서로의 입장을 망각하지 않는 그런 예의 있는 다정함으로 가보는 거다.

믿고 간다. 얼마 전 쇼룸 프로젝트를 진행한 클라이언트가 계약서에 도장을 찍으며 내게 했던 말, "대표님만 믿고 갑니다". 이 말에 실린 엄청난 무게로 나는 더 몰입하고 진실되게 일할 수 있었다. 작업이 고달프고 풀리지 않아 대충 손을 놓고 싶을 때면 어김없이 환청처럼 이 말이 울렸다. 시공사 대표님은 나의 출구 없던 어려운 시기, 바쁜 와중에도 오래된 이 집의 녹록지 않을 리모델링 시공을 기꺼이 맡아준 고마운 분이다. 그렇게 나는 믿고 간다.

장마를 목전에 둔 6월 21일, 내내 인적 없던 이 집이 아침부터 분주해졌다. 자재와 인부들이 들락거리고 소음과 먼지가 공간을 가득 메웠다. 날카로이 찢어질 듯한 소음도 베토벤 음악처럼 장쾌하기만 했다. 그리웠어, 이 소음. 반가워. 주변 이웃들에게 손글씨 편지를 넣은 카스텔라를 돌리며 죄송스레 민폐의 시작도 알렸다.

새로운 시작의 날도 여지없이 나의 집은 비에 젖고 있다.

오래된 집의 탐미

결국 이 리모델링 공사를 여름 장마철까지 끌고 왔구나. 장마가 지나면 본격적인 무더위가 찾아오겠지. 여름은 절정을 향해 가며 열기로 찌르렁거릴 것이다. 그 시간 동안 모든 열매는 성숙을 가속하며 잠시 성장을 멈추고 차곡차곡 과육을 채워가겠지. 그러다 이윽고 짧은 가을의 숙성을 거쳐 마침내 내밀하고 농밀한 완성의 형태를 우리 앞에 드러내겠지.

내게도 이 여름이 그런 영글의 계절이 될 거라 믿는다. 문득 이 집을 처음 보여주던 날, 부동산 사장님이 해준 말이 떠올랐다. "비록 작은 땅이라도 내 땅을 가지고 있다는 사실이 얼마나 사람 마음을 든든하게 하는지 살다 보면 알게 될 거예요." 그 땅, 나를 든든하게 만들어줄 그 자그마한 땅 위에 지금 내가 서 있다. 단단하게 두 발을 딛고서.

지중해를 향한 찬가

"조용히, 애무하듯이 그는 꿀처럼 짙고 느린 흐름에
자신을 맡기고 있었다.
땅과 바다, 생각, 인간, 전 우주가
먼바다로 흘러들고 있는 것 같았다."
―《그리스인 조르바》

북아프리카 무어인들이 유럽의 이베리아 반도를 지배하기
시작한 711년, 이슬람의 눈부신 타일 문화가 지중해 서쪽 끝
땅에 매혹적으로 스며들었다. 이질적인 아름다움이 이식된 스
페인 남부 안달루시아에서는 세비야 알카사르 궁전과 그라나
다 알람브라 궁전 같은 거대한 건축물뿐 아니라 미로처럼 얽힌
골목에 즐비한 아기자기한 상점과 일반 가정집까지 화려한 색
채와 정교한 문양의 타일로 장식되었다.

그러나 자신의 신을 향한 맹목적인 신념은 타인의 신을 결
코 용납할 수 없는 법이다. 예술적 미감뿐 아니라 유럽인과 아
랍인, 그리고 유대인이 편견 없이 어우러져 고도의 지적 학문
을 절정으로 꽃피운 열정의 땅에서 1492년 마지막 이슬람 타
이파 국가였던 그라나다 왕국마저 가톨릭의 길고 집요했던 레

콘키스타 끝에 함락되고 말았다. 그 끝에 불온한 이교도들은 시에라네바다 산맥, 그 순결한 눈이 녹아 생명을 적시던 천상의 궁전을 뒤로하고 마지막 언덕길El Suspiro del Moro('무어인의 탄식'이라는 뜻)을 넘었다. 왕도, 그 뒤를 따르는 신하들도, 왕비와 후궁들도 모두 비통에 가득 차 눈물 흘렸지만 어느 누구도 소리 내어 울지는 않았다고 한다. 깊이를 헤아리기 힘든 이 추상적 슬픔은 유형의 소리로 비워낼 성질의 것이 아니었다.

무어인들이 800년간의 긴 지배를 끝맺고 마지막으로 이베리아 땅을 떠나던 밤을 상상하는 일은 타레가의 기타 연주곡 〈알람브라 궁전의 추억〉처럼 가녀린 떨림을 준다. 트레몰로 주법의 기타 소리가 마치 무어인의 통절한 비탄과 숨죽인 절규처럼 들려오던 알람브라 궁전, 그 맞은편 언덕에 앉아 머나먼 시간 여행을 하던 순간을 떠올렸다. 과거의 그라나다가 바람에 실려 오렌지꽃이 되어 만개하고 있었다.

그 환청을 뒤로하고 알바이신 지구의 수많은 골목과 눈이 부시도록 새하얀 집들을 걸었다. 아무도 지나다니지 않는 한여름 시에스타의 시간을 혼자만 점유하며 나른한 몽상에 파묻힐 즈음 반쯤 열린 나무문이 보였다. 고요한 적막 속에 오렌지 향기만, 또 졸졸 간지럽게 떨어지는 분수 소리만이 간간이 감각을 자극하던 좁은 골목길에서 언뜻 들여다본 주택의 비밀스러운 중정은 질투가 날 만큼 신비롭고 아늑해 보였다. 분명히 그날부터였을 거다. 햇살이 쏟아지는 중정이 있는 집에 독특한 스페인풍 타일로 인테리어를 하고 살겠다는 로망을 품은 것이.

……막연한 바람이었다.

유럽의 고풍스러움과 이슬람 아라베스크 문양의 기하학적

색채가 태양빛에 섞여들며 동서양의 매력을 마술처럼 한데 품은 곳. 정열적인 플라멩코 댄서의 화려하고 격렬한 몸동작이 묘한 애수를 흘리는 곳. 나에게 타일은 주로 이 숨 막히게 관능적인 지중해의 태양을 품은 스페인 안달루시아 땅에 보내는 찬가와도 같다.

그 추억과 미래의 집을 오가며 몇 달 동안 시간이 날 때면 논현동과 을지로로 타일을 보러 다녔다. 계약한 시점부터 디자인 시안을 잡는 동안, 그리고 잠시 공사가 멈췄던 기간에도 강박처럼 원하는 그림의 타일을 찾아 어디든 달려가 샘플을 수급했다. 이 집의 이국적인 뉘앙스를 극대화할 수 있는 가장 강력한 요소가 타일이었기에 타일만 잘 깔아놓아도 반은 성공이라고 확신했다.

타일을 향한 내 열정과 인내는 절대 사그라지지 않았지만 문제는…… 내가 찾는 타일이 없었다는 것. 무채색의 널찍 반듯한 200각 대리석들이 매장을 장악하고 있었다. 언제부터인가 북유럽 모던이니 미드센추리 모던이니 하며 '모던'만 찾는 수요가 우리나라 타일 시장을 이토록 무미건조하고 지루하게 만든 듯싶어 아쉽기만 했다. 어쩌다 보물처럼 찾아낸 빈티지 타일은 샘플만 있거나 몇 박스 남지 않은 마지막 물량이었다. 더 이상 수입 계획도 없다고 했다. 절망적이었다. 지난날 스페인 안달루시아에서 품었던 꿈을 드디어 소박하게나마 실현할 날이 왔는데 세상이 온통 무채색뿐이라니.

그러다 보니 시공을 목전에 둔 시점까지도 타일 수급은 이어졌고, 또 그러다 보니 타일의 종류가 염치없이 많아지고 말았다. 한두 평밖에 깔 수 없는 물량이라도 써야 했다! 물론 우리나라 타일 시장의 현 상황은 독특한 타일을 공간 곳곳 다채롭게 펼쳐내고 싶었던 내게 "저도 이러려고 한 건 아닌데요, 정말 어쩔 수 없었어요"라며 업체에 논리적으로 변명할 절호의 핑곗거리가 되어주었다.

아침 일찍부터 수많은 종류의 타일이 속속 도착했다. 각기 다른 디자인의 스페인과 이탈리아산 빈티지 타일 16종. 대부분은 문양마저 제각각인 랜덤 타일이라 패턴이 겹치지 않도록 하나하나 확인하며 시공해야 했다. 타일을 붙이기엔 적절치 못한 울퉁불퉁한 벽과 바닥도 많아 부착면을 고르게 다듬는 번거로운 밑작업도 뒤따랐다. 당혹스러운 표정으로 타일을 바라보는 시공사 대표님을 살피는 내 머릿속도 곧 어지러워졌다. 이 집에서 타일이 얼마나 중요한 지위를 가지는지 내내 강조하며 두꺼운 작업 레퍼런스까지 전달했건만 표정을 보니 이 정도일 줄은 몰랐던 게 분명했다.

아, 상황이 자꾸만 나를 물색없고 예의도 없는 클라이언트로 몰아가고 있는 것만 같다. 좋지 않은 현장 컨디션에 고난도 시공을 요하다 보니 작업 기간도 계속 늘어만 갔다. 어제도 타일 시공, 오늘도 타일 시공, 내일도, 모레도, 그다음 날도 타일 시공으로 변경되었다. 당연히 애초 견적을 상회하기 시작한다.

"타일 작업 비용이 많이 올랐어요. 다른 공정에서 상쇄해보겠지만 금액이 너무 커지면 저희도 추후 정산을 할 수밖에 없을 것 같아요."

"대표님 입장 충분히 이해해요. 그럼 지하로 내려가는 계단과 내부 몇 군데는 타일 작업에서 제외할게요. 혹시 예산 초과를 막을 만한 다른 방법이 있으면 편히 말씀해주세요. 주저리

주저리."

　세상에서 제일 무서운 일, 견적 상승. 리모델링 공사 기간 가장 무서웠던 단어, 추후 정산.

　서울의 시대 유물 같은 이 50년이나 된 불란서 주택. 시공사 입장에서는 손 많이 가고 공사 기간도 길지만 돈은 딱히 되지 않는 딜레마의 공간이다. 이런 상황을 알고 있기에 내 욕심을 한껏 부리면서도 눈치를 살피지 않을 수 없었다. 혹여나 오해를 살까, 마음을 상하게 할까, 개념 없는 건축주로 비치지나 않을까 싶어, 단어 하나하나를 정교하게 골라 우회적으로 견적 상승만은 결단코 막고 싶다는 간절함을 전했다. 종종 이렇게 시공사와 불편한 상황이 연출될 때면 한껏 주눅이 들어 '그냥 대충 해버릴까' 하는 반발심이 꽁꽁 비좁은 내 속에 가득 들어차 앉았다.

　하지만 내가 고른 타일이 하나씩 텅 빈 회색 공간을 채색해갈 때면 마치 터너의 붓 끝에 스며든 베네치아의 빛과 물안개가 심오하게 얽히며 이곳까지 꿈결로 물들이는 것 같았다. 지중해를 품은 푸른빛 타일이 우리 집 거실에 넘실거린다. 지중해의 저 아득히 먼 파도가 나의 집으로 밀려와 하얀 포말을 고르고 그 푸른 물결로 거실을 감싸안고 있다.

　복층 바닥을 우아하게 수놓은 이슬람 아라베스크 문양은 또 얼마나 신비로운지. 계단 위 세상도 계단 아래 펼쳐진 세상도, 해가 훑고 지나간 듯 빛바랜 블루로 도취되었다. 금보다 귀했던 청금석을 갈아 넣은 페르메이르의 〈진주귀걸이를 한 소녀〉 속 울트라 마린, 반 고흐의 화폭에서 광기로 반짝이는 코발트 블루, 프로이센 군인의 제복으로 유명한 프러시안 블루, 예

조지프 말로드 윌리엄 터너Joseph Mallord William Turner,
〈베네치아의 카날 그란데Venice, from the Porch of Madonna della Salute〉
1835년경, 캔버스에 오일, 91.4×122.2cm, 뉴욕 메트로폴리탄 미술관 소장술가가 독점한 이브 클랭 블루. 블루는 성모 마리아의 성스러운 옷 색깔이 되기도, 중국 청화백자의 청아한 고고함이 되기도 하며 이국의 색채에 대한 내 목마름을 고조시켰다. 그리고 내게 터너의 블루는 먼 곳을 향한 그리움이 된다.

영국 낭만주의를 대표하는 풍경화가 터너는 1819년 이탈리아 베네치아로 여행을 떠났다. 바다와 땅의 경계가 모호한 이 운하의 도시에는, 강렬한 태양에 반사되어 시시각각 변하는 독특한 물빛이 있었다. 물과 하늘, 그리고 빛나는 남국의 태양은 터너의 꿈이요 시였다. 터너는 풍경의 일체를 빛의 묘사에 집중해 색채 속에 용해했다. 자신이 살던 시대의 이야기와 풍경, 자신의 내면을 하나로 녹여 작업했던 은둔형 예술가 터너의 고독과 고뇌가 아름답지만 숭고하게 화폭 속 카날 그란데를 흘러 다닌다.

초록빛을 머금은 바다가 어느덧 하늘색과 교차하는가 싶더니 이내 곧 짙은 파란색으로 농익은 채 하얀 하늘과 맞닿는다. 녹색, 연두색, 청록색, 금색, 오렌지색, 차분한 파란색과 흰색까지. 온갖 색을 다 품은 지중해의 운하는 바다 안개를 대기로 올려 보내 투명한 구름을 수놓은 듯도 하다. 터너는 물체의 형태를 뚜렷하게 그리지 않았다. 그 대신 빛과 대기가 희미하게 경계를 흐리는 효과를 사용해 현실의 장면을 거의 초월적인 분위기로 영속시켰다. 영국의 뿌연 무채색 안개가 아닌 한없이 투명한 컬러, 블루에 새겨진 몽글거리는 안개가 터너에게 어떤 영감을 주었을지 감히 상상할 수 있을 것만 같다. 아마도 그건 찬란하고 덧없는 태양빛에 발가벗겨진 처연하게 아름다운 허무이지 않았을까?

오래된 집의 탐미

이제 내 집의 일부가 된 푸른 타일들을 보며 단지 예쁘다는 건 의미가 없다고 중얼거렸다. 터너가 자연의 형상에 내재된 원초적인 힘과 인간의 감정적, 철학적 연결고리를 동시에 포착하려 했듯 누군가의 심상이 담겨 있지 않다면 피상적인 흉내 내기일 뿐이라고, 허무 섞인 투로 염세주의자처럼 내뱉고 말았다. 고작 건축 인테리어 자재에 불과한 타일이 이토록 나를 감동시키는 이유도 이를 통해 내 디자인 화두인 이국적 빈티지를 주관적으로 번안해낼 수 있어서다.

타일은 유구한 그리스·로마 시대부터 바닥과 벽의 마감재로 사용되어왔다. 그러나 유약을 입혀 고온에서 구운 오늘날의 타일은 페르시아 문화권이 중국 도자기를 모방하는 과정에서 탄생했으며 오스만 제국 시대에 이르러 화려하게 채색된 형태로 자리 잡았다. 이 동방의 문화가 서유럽으로 역수입되며 스페인과 이탈리아에서 타일 제조가 시작되었다. 그러니 이 인테리어 자재 또한 내가 지향하는 동서양의 미감을 섞어낸 문화적 혼성체와 맞닿아 있는 셈이다. 우리나라에서 타일은 물 내구성이 필요한 욕실과 주방 벽면 등의 건축 마감재로만 인식하는 경향이 크지만 다른 어떤 장식적 요소보다 예술적 오브제가 될 수 있는 미학적 가치를 지녔다.

여기서 잠깐! 흔히 하는 타일에 대한 오해를 한번 짚어보자. 대개 바닥에 타일을 깔면 겨울에 추울 거라고 오해한다. 그러나 아니다. 타일은 여름에는 표면이 차가운 성질 덕에 더없이 시원하고 겨울에는 보일러 열기가 빠르게 전달되어 찜질방 바닥처럼 뜨끈뜨끈하다. 우리에게는 매우 신박한 문화, 바닥 보일러가 있다! 물론 북유럽이나 독일처럼 긴 겨울의 맹렬한 추위에도 바닥 보일러가 없다면 한겨울에 타일을 보고만 있어도 마치 메두사의 냉혹한 눈빛에 얼어붙은 듯 온몸이 차가워질지 모른다.

또 타일 바닥에 물건을 떨어뜨리면 다 망가질 것 같다는 걱정도 많이들 한다. 이해한다, 그 걱정. 타일 바닥에 무언가를 떨어뜨리는 순간, 그 물건이 책이나 옷이라면 모를까, 아무런 손상도 없을 거라는 기대는 절대 하지 않는 것이 좋다. 만약 그 물건이 유리로 만들어졌다면 애석하게도 깜짝 놀랄 만한 진풍경을 보게 될지 모른다. 그러나 타일 바닥에서만 10년 넘게 살아본 내 경험에 따르면 그런 일은 은근 희박하다. 내 몸에 자연스레 밴 조심성 때문일지도 모르지만 쓱쓱 청소하기도 쉽고 이래저래 아무튼 타일은 좋다.

시금 밖에는 비가 내리고, 안에는 작업사들의 비 오는 듯한 땀으로 어디를 가나 피할 수 없는 습기가 그득하다. 그 모습을 보고 있자니 미안한 마음에 이 광경을 피해 어서 빨리 현장을 떠나고만 싶어진다. 내가 타일에 쓸데없이 과욕을 부렸나? 그렇지만 저 넘실대는 블루와 아라베스크 문양을 보라고! 미안한 마음이지만…… 거북한 상황을 모면하기 위해 내가 원하는 것을 놓칠 수는 없다. 내게 타일은 단순한 건축 마감재가 아닌 이 집의 아이덴티티가 담긴 예술적 오브제이므로.

드디어 독특한 스페인풍 타일로 인테리어를 하고 살겠다는 내 오랜 소망이 실현되어가고 있다. 물론 햇살이 한가득 쏟아지는 중정中庭은 아직 없다. 그럼에도 이 집과 함께 꼬박꼬박 사계절의 낭만을 맞이할 작은 마당이 있으니 부족하나마 그걸로 되었다. 게다가 폴딩 도어로 손바닥만 한 작은 마당과 연결

오래된 집의 탐미

될 거실이 자연광을 한껏 끌어들이며 나름의 중정 역할을 해줄 것이다. 마당이 거실 안으로 들어오고 동시에 거실이 마당으로 확장된다. 골목길의 풍경마저 집 안으로 들어와 아주 커다란 집이 될 것만 같다.

예측 가능성과
불가능성 사이

"직선은 인간의 선이고, 곡선은 신의 선이다."
— 안토니 가우디

아침과 낮, 그리고 하루의 공사가 끝난 이른 저녁, 매일같이 집 리모델링 현장을 찾았다. 시공사가 단열, 창호, 설비, 배관, 전기 등 기본적인 공정을 진행했지만 타일과 조명 기구는 물론, 콘센트와 손잡이까지 많은 자재를 직접 수급해야 했기에 매 공정을 꼼꼼히 점검하지 않을 수 없었다. 더구나 메인 도어와 빈티지 단조 같은 디자인성이 강한 부분과 주방이나 현관을 포함한 일부 섹션은 기존 상업 디자인 협력 업체와 별도로 작업했다. 결국 내겐 의뢰받은 클라이언트의 상업 공간 작업보다 훨씬 더 큰 에너지를 요구하는 일이었다.

여전한 태양빛이 넘쳐나는 여름 저녁, 하늘에 맞닿은 뾰족한 삼각 기와지붕이 시야에 보이기 시작하면 발걸음이 빨라진다. 오늘 공사도 별문제 없이 잘 마무리되었겠지? 집 내부 모든 것이 허물어지고 새로운 것들이 덧입혀지는 매일의 과정이 만들어낸 흔적을 살피고 또 차곡차곡 기록하며 꿈을 꾸었다. 집도 삶도, 한 번쯤 리모델링해보고 싶어 간절히 저질러버린 공사 현장, 그 한가운데 서서 자문한다.

오랫동안 욕망한 그 공간에 지금 내가 서 있는가?

내 오랜 바람이 과연 제대로 구현되고 있는 걸까. 그걸 판단해줄 이는 아무도 없다. 바닥 타일을 깔고 금속 공사를 하고 목공 작업까지 마쳤건만, 그렇지! 원하던 폴딩 도어까지도 달았다.

그런데 공사가 진행될수록 이게 정말 내가 원하던 그림이 맞는 건가 싶은 자신 없는 의심이 움트더니 생장을 멈추지 않는다. 오히려 철거 후 돋보이던 폐허의 무드가 하루하루 고루하게 단정해지는 것 같아 못마땅하게도 느껴졌다. 단열로 자꾸만 좁아지는 내부. 이러다가는 침대조차 안 들어갈지 몰랐다.

(귀스타브 모로처럼) 지적인 예술가의 시각적 상상력으로 창조해낸 마치 설치미술과도 같은 공간이 되길 꿈꾸었는데 뭔가 자꾸만 타협하고, 또 타협하고, 또다시 타협해서 그저 평범한 공간이 되어가는 듯 보였다. 날것이 지닌 거친 신선함은 장마와 함께 증발해버리고 그 자리에 노골적인 집만 또 하나 생겨난 건 아닌지.

그래도 금속 계단은 무척 마음에 든다. 기능적이고 심지어 예쁘기까지 한 금속 계단을 오르내리며 이곳에 유영하는 선들이 이끄는 대로 눈길을 따라가 본다. 인공의 직선들이 방향성과 각도를 달리하며 무수히 교차하고 겹치다가 또 어느 순간 반목하는 장면이 다채롭게 펼쳐진다. 공간 가득 가구와 오브제들로 자연의 곡선은 넘쳐날 테니 기본 기조는 직선의 간결한 균형미로 전체 형태를 다듬기로 한다. 신이 빚은 곡선과 인간이 그은 직선. 그 선 하나에도 서로 다른 특유의 감정이 담겨 있기에 각기 다른 방식으로 이 공간 안에서 조화를 이루며 고유의 역할을 수행해나간다.

나는 이 집이 '시각'으로 보일지라도 사고의 추이를 따라 분석될 수 있는 공간이길 원했다. 눈에서 머리로, 그리고 가슴으로. 집 내부 각각의 장소마다 뚜렷한 시각적 아이덴티티와 개별적인 고유의 스토리를 엮어낸다면 고개를 돌릴 때마다, 문을 열 때마다, 모퉁이를 지날 때마다 예상치 못한 풍경이 펼쳐진다면, 이 작은 집도 한층 더 넓게 느껴지지 않을까. 그렇기에 나는 매번 상상 속 다른 이야기들을 만들어내며 이 빈 공간을 수없이 걷고 또 걸을 수밖에 없다.

공간空間이란 무엇일까. 공간은 단순히 비어 있는 장소가 아니다. 비어 있음으로 인해 물리적이든 추상적이든 다양한 가능성과 새로운 의미를 담아낼 수 있는 무한한 여유를 의미한다. 내 머릿속에만 존재하던 가상의 이미지가 세상에 실제로 드러나는 순간, 이차원의 평면도가 삼차원의 입체로 표현되는 순간의 희열이 오랜 시간 공간 연출을 지속하게 해준 유일한 원동력이었다. 어쩌면 나는 지금 내 역사를 새로이 쓰고 있는 기념비적 현장을 거니는지도 모른다.

타일 하나, 페인트 컬러 하나, 문짝 하나를 선택하면서도 '나'란 사람과 '내가 좋아하는 것', 그리고 여행지에서 영감을 받은 예술작품과 이국의 정취를 떠올렸다. 숱하게 과거와 현재, 미래를 넘나들며 나에게만 집중하는 시간이 이어졌다. 잊고 살던 나, 내가 모르던 나를 만나기도 하고 10년 후의 나를 만나기도 했다. 그 모든 내가 반가웠다. 집 리모델링은 그렇게 다시 만난 나를 모자이크처럼 조각조각 해체하고 재조립하는 과정이다. 처음 시작할 때의 신념과 순수함을 복원하고, 마음에 들지 않는 내 모습을 해체하며, 앞으로 살고 싶은 나를 만들기 위해 직접 설계하고 가꾸는 일. 자기만의 집을 만든다는 건 그래서 참 근사하고 애틋하다. 지금, 이 빈 공간에서는 그런 신묘한 마법이 일어나는 중이다.

그 마법이 완성될 날을 기다리며 인더스트리얼한 시멘트 노출 벽면과 차가운 물성의 타일, 게다가 결코 단순하지 않은 직선이 만들어낸 이 고딕체 같은 공간을 온기 가득한 아날로그로 채울 예정이다. 화려한 듯하지만 수공의 느낌이 강한 샹들리에, 노스탤직한 빈티지 소품, 그윽한 오렌지빛 낮은 조도, 드라이플라워의 바스락거리는 빛바랜 터치까지. 거친 질감의 하드웨어 속 낭만적인 소프트웨어의 극명한 콘트라스트와 이질적인 리듬감을 잔뜩 기대하고 있다.

이제 좀 더 면밀히 공정 체크를 해볼까.

줄자를 핸드폰보다 더 애지중지 챙기며 이곳저곳 사이즈를 재고 사진을 찍어가며 어디 잘못된 곳은 없나 세상 심각한 눈빛으로 현장 구석구석을 살핀다. 물론, 나의 이 유난스러운 동작은 다음 공정을 준비하고 가구 배치 등 추후 내부 레이아웃 구성을 위한 것이었을 뿐 뭔가 꼬투리를 잡겠다는 불순한 의도는 절대, 절대로 아니었다. 그런데……

"어, 저게 뭐지? 천장 합판에 저 희끄무레한 자국은 도대체 뭐지?"

불에 살짜악 토스팅된 듯한 도토리 컬러의 오일스테인을 바르기 위해 결이 곱고 색상이 연한 합판을 공들여 수급했었다. 그런데 저 난데없는 자국은 도대체 뭐란 말이지? 천……자……국? 이게 실수였는지, 아니면 도장 업체치고 오일스테인을 처음 발라보는 달갑지 않은 첫 경험을 내 집에서 하게 된 건지, 도무지 납득하기 어려운 상황이었다. 그런데도 "다시 칠하면 된다"며 미안한 기색 하나 없는 태도라니.

"오일스테인은 불투명이 아니잖아요! 밑색이 고스란히 배어 나온단 말이에요!"

나에게 이즈음의 기분이란 그저 리모델링에 관한 것뿐이었다. 공정이 잘된 날은 급격히 행복해져 혼자 삼겹살에 와인 한 잔을 했고, 지금처럼 문제가 생기면 당장 퍼붓고 따지고 싶은 화를 꾹꾹 누른 채 내 불운과 업체들의 실력 없음을 탓하며 지층 방으로 돌아오곤 했다.

"이런 일은 처음이에요."

예정된 공정은 도통 그치질 않는 여름비와 이 집을 이렇게나 노쇠하게 만든 긴 세월이라는 자연 앞에 맥없이 변경되었다. 때로는 시공이 잘못되어 뜯어내고 업체를 바꿔 재시공을 하기도 했다. 도장 업체는 천장 오일스테인에 이어 다른 곳도 잘못 칠하기를 여러 번, 급기야 노오란 은모래색을 아이보리라고, 연두색을 청동색이라고 주장하기에 이르렀다. 미장 업체는 살려야 할 기존 벽돌면까지 매끈하게 시멘트를 발라놓아 나를 아연실색하게 만들었다.

그렇게 간단할 리가 없잖아?! CCTV 설치 작업마저 험하고 난잡했다. 매립해놓은 배선 두 개가 망가져 네 개를 계획했던 카메라를 겨우 어찌어찌해 세 대만 설치할 수 있었다. 전기 업체의 실수인지, 베란다 징크 작업 도중 선이 손상된 것인지, 아니면 애초부터 CCTV 배선이 잘못 놓인 건지 규명해내는 건 불가능했다. 어느 누구도 "글쎄요"라는 무성의한 짧은 답변 외에 한 단어도 더 덧대지 않았다. 그 몫은 고스란히 언제나처럼 내 것일 뿐, 공사 과정은 무엇 하나 쉽고 간단한 게 없었다.

"수십 년 넘도록 부동산 일을 했지만 이런 일은 또 처음이네요."

아차산 자락으로 이사 온 바로 다음 날, 부동산 사장님에게 이 집을 다시 팔고 싶다고 울먹였을 때 처음 들었던 말, "이런 일은 처음이에요". 그 말이 공사 현장에 숱하게 부유하기 시작했다. 싱크대 업체도, 도어 제작 업체도, 욕실 설비 업체도, 금속 업체도…… 모두가 한목소리로 말했다. 수십 년 동안 이런 일은 없었다고, 이런 일은 또 처음이라고.

'난 아무것도 잘못하지 않았어! 이 집 리모델링에 연관된 모든 이에게 어떤 부당함도 강요하지 않았어. 비록 이번 작업이 다른 곳보다 품이 더 들어갔다 해도, 그에 비해 만족스러운 금액을 받지 못했더라도, 나는 언제나 가능한 상황인지 먼저 물었고 그들의 이익을 침해하지 않는 선에서 내가 원하는 바를 구현하려 애썼어. 매번 외부 클라이언트가 의뢰한 작업보다 훨씬 세세한 지침을 담은 문서를 성실히 건네주었어. 하지만 정작 그들은 제대로 확인 한 번 하지 않은 채 그간의 익숙한 방식대로만 작업에 임했어. 나를 그저 수다스럽게 온갖 불필요한 이야기를 늘어놓는 사람처럼 여겼겠지. 게다가 나는 정직했고 또 언제나 진심이었어. 물론 그렇다고 해서 내 까다로운 성향

과 실수, 그리고 변덕까지 정당화하고 싶지는 않아. 하물며 나는 합리적이기까지 하니까.'

혹시 공사비라도 늘어날까, 행여 내 마음이라도 다칠까 싶어 날을 바짝 세우며 스스로를 옹호해댔다. 그래서였을까. 항상 억울한 심경이었다. 그런데도 자꾸만 다 내 탓인 것 같은 짐스러운 과정이 이어졌다. 어쩌면, 누군가의 잘잘못이 아닌 내 능력의 한계를 인정해야 했을까. 그래야 했을까.

철거 과정에서 드라마틱하게 드러난 박공 천장으로 집 구조가 한차례 전복되었다. 매일 모험처럼 벌어지는 잔혹한 이변과 함께 집은 마치 생명 있는 유기체처럼 계속 변화해갔다. 집은 계획과 우연, 예측 가능성과 모호한 불가능성 사이를 끊임없이 오가며 (나와는 달리) 회피할 생각 하나 없이 스스로의 운명을 받아들이는 것 같았다.

한 치 앞도 모를 운명. 집과 나의 운명도 마찬가지다. 일이라는 건 앞으로 어떤 식으로 흘러갈지 모른다. 이 리모델링의 결론이 어찌 날지 현재로선 도무지 짐작할 길이 없다. 전 시공 업체와의 고통스러웠던 계약 파기가 알고 보니 엄청난 행운이었다는 반전도 충분히 가능하다. 천장에 낸 오일스테인 걸레 자국을 무마할 방법이 없어 결국 불투명 화이트로 덮어버리는 통에 벽도 천장도 온통 새하얘진 이 집이 나중에 어떻게 보일지도 모를 일이다. "넓고 깨끗하고 환해 보이는군! 역시 올화이트 인테리어가 최고야!" 싶을지, 아니면 병원처럼 삭막해 보여 끝끝내 페인트 업체를 원망할지는 지나고 봐야 알 일이다.

그에 따른 시간과 비용, 감정 소모가 조금 더 증가했다는 정도를 제외하면 아주 큰 일이 발생한 것은 아니었다. 그리고

　　　　　　　　　　　　오래된 집의 탐미

무엇보다, 내 마음의 근간에는 여전한 자신감과 설렘이 있었다. 어쩌면 진짜 중요한 가치는 아무것도 손상되지 않았는지 모른다. 지금 당장 드러난 표면만을 진실이라고 단정 짓지 말자. 그러니 너무 완벽하려 애쓰지도 말자.

상업 공간의 미감을 담고자 한 주거 공간이었기에 작업이 진행되는 동안 우리의 상식은 수차례 전복되었다. 내가 아는 상식이 뒤집히고 업체들이 아는 상식이 나로 인해 뒤집혔다. 그 부산한 과정을 통해 우리는 누군가를 바꾸는 것이 아니라 서로 맞춰가야 하는 것임을 자연스레 (혹은 어쩔 수 없이) 인정하며, 부지런히 점점 더 살 만한 공간을 만들어나갔다.

회색 비의 적막을 서서히 관통하며 '우리'라는 화해의 단어가 어수선한 공사 현장에 황금빛 빛무리로 번져나갔다. 만약 저 심리적 미장센을 화폭에 옮길 수 있다면, 그 장면은 아마도 중세의 암흑기를 신비로운 황금빛으로 가득 채운 라벤나 산 비탈레 성당 모자이크화의 찬란함과 닮아 있지 않을까.

이탈리아 북동부에 있는 라벤나는 고대 로마의 풍토 위에 게르만적 요소와 비잔틴적 요소가 어우러져 동서 문화가 조화롭게 융합된 곳이었다. 서로 다른 문명이 고유한 방식으로 스며들어 건축, 예술, 종교적 유산에 독특한 흔적을 남겨놓았다. 402년부터 476년까지 서로마 제국의 마지막 수도로 자리했던 그곳은 제국의 몰락 이후 게르만족 동고트 왕국의 지배를 거쳤고, 540년 동로마 제국에 의해 정복되어 약 200년간 제국의 제2 수도로서 영광스러운 번영을 누렸다.

동로마 제국의 성상파괴운동으로 인해 콘스탄티노플 성소피아 대성당의 모자이크화가 그 찬란한 빛을 잃어버린 것과는

라벤나 산 비탈레 성당 모자이크
성배를 봉헌하는 테오도라 황후(Photo by Petar Milošević)
532~547년, 모자이크화, 산 비탈레 성당

달리, 라벤나는 비잔틴 초기 모자이크의 원형을 간직한 유일한 성지이기도 하다. 유스티니아누스 1세는 동고트 왕국의 건축물을 무참히 파괴하는 대신 유리, 돌, 금의 작은 테세라 조각을 이어 붙여 황제와 황후의 신성한 권위를 드높이는 영적 이미지를 창조해냈다. 이 종교 건축물들은 동방 기독교의 신학적 상징과 미학을 세밀하게 융합하며 비잔틴 모자이크 예술의 정수를 보여준다.

라벤나의 모자이크는 단순히 인물이나 종교적 장면을 표현하는 데 그치지 않고 기하학적 패턴과 정밀한 배경 장식으로 공간을 채운다. 이러한 장식적 접근은 비잔틴 양식에 흡수된 또 다른 이민족 페르시아에서 온 직물, 카펫, 세공 기술의 영향력을 보여주며 라벤나를 다문화적 예술의 진정한 용광로로 응집해나갔다.

화폭 위에 공간을 재현하는 것보다 장식이야말로 더 깊고도 영원한 본질을 품고 있는 것은 아닐까? 고작 사진으로 보고 있을 뿐인데 이토록 황홀하게 반짝일 수 있다는 것에 영적인 신비감마저 느껴진다. 아마도 성당에 들어서는 사람 모두가 천국이 있다면 바로 이런 모습일 거라고 몽유하지 않았을까. 라벤나의 비현실적인 모자이크화는 영욕의 수십 세기 동안 간절한 신도들에게, 영감에 목마른 예술가들에게 위대한 감흥을 일깨우며 시대를 초월한 영원성을 획득했다. 그리고 미미한 나에게마저 석연치 않은 오늘을 견딜 시각적 환영을 선물하고 있다. 한 예술가를 압도하던 모자이크의 신성한 빛이 아직도 삭막하기만 한 미완의 집을 황금빛 광채로 에워싸는 환영을.

새로운 집에서 나도 내 삶의 황금시대를 열 수 있기를, 아니 그것을 향해 가고 있다는 현재진행형의 믿음을 가지려 한다. 아니, 아니, 그 바람이 이루어지지 않는다 해도 적어도 공사가 끝나면 라벤나에 갈 수 있을 거라는 보다 현실적인 믿음쯤은 가져야 한다. 그렇게라도 곰팡내 나는 내 여름 심정에 라벤나 모자이크의 빛나는 광휘를 비춰주고 싶었다.

7월도 끝날 무렵, 이제 임시 숙소였던 이 지층 원룸을 떠날 날도 머지않은 것 같다.

오래된 집의 탐미

여전히 외로운 나날

"고독은 용기를 잃게 하는 것이 아니라,
오히려 자신을 위해 필요한 활동을
창조하게 하는 힘을 준다."

— 빈센트 반 고흐

아침에 눈을 뜰 때마다 밤새 더 치밀해진 꿉꿉한 습기가 내 온몸을 휘감아온다. 한기가 완벽히 사라진 지난 5월부터 창문 너머 정화조 냄새가 솔솔 들어오더니 더위가 본격적으로 시작된 7월에는 에어컨에서 물방울이 사정없이 튀어 내 얼굴을 습격했다. 곰팡이의 번식력은 내 하찮은 상상력을 비웃으며 욕실과 주방을 넘어 벽이며 소파며 목재 가구며 심지어 옷까지, 거기가 어디든 개의치 않고 북슬한 푸른 솜털처럼 자라났다. 조금만 더 자라면 방 전체가 이끼로 뒤덮인 원시림처럼 보일 지경이었다. 액자도 예외는 아니었다. 어쩌자고 아끼는 전시 포스터까지 바리바리 죄다 이 방에 부려놓은 거야, 도대체?

'지하의 습격'은 여기서 그치지 않았다. 비싸디비싼 프리저브드 플라워 소재를 아낌없이 넣어 만든 커다란 구름 형상의 오브제를 반지하 공사 현장에 고이 모셔둔 채였다. 공사장의 먼지도 장마철의 습기도 안중에 없었다. 단지 내 시야에 보이는 것만이 가장 안전하다고 믿었다.

무지에서 비롯된 실수였다. 아무리 경험해본 적이 없다고 해도 그렇지, 어느 날 들여다본 그 오브제에는 곰팡이가 아주 잔뜩 빼곡히 피어 있었다. 순간 몇백만 원뿐만 아니라 내가 그리던 하나의 핀터레스트 풍경이 간교한 마법처럼 사라졌다. 이곳저곳의 지하에서 가치를 완전히 상실해버린 내 소중한 사물들, 아니 쓰레기들. 우매하고 안일했다.

문득 컨테이너 창고에서 다른 아이들도 같은 상태가 되어버리진 않았을까 싶은 뒤늦은 불안이 엄습했다. 하지만 이 또한 무지로부터 온 쓸데없는 걱정이었다. 컨테이너 속 물건들은 당혹스러울 만큼 깨끗했다. 털끝 하나 다치지 않고 몇 달 전 모습 그대로 정갈하게 박제되어 있었다. 과학적인 원리 한번 생각해보지 않고 한정된 경험의 기억에만 의지했던 내 피상적인 추측은 완전히 어긋나버렸다.

내 얼굴도 삭고 있긴 마찬가지였다. 요즈음의 내 얼굴을 보면 이 몸에 기생하는 어떤 독립된 생명체 같았다. 매일매일, 심지어 아침, 점심, 저녁으로 얼굴이 달라졌다. 성장기 어린아이도 아니고, 어제는 날렵한 듯한 턱선이었다가 오늘은 땅콩이 되기도 하고 또 다음 날은 빵떡처럼 부풀었다. 나이를 꽤 먹고 나니 고작 하루의 세월도, 피곤도, 근심도, 스트레스도 얼굴에 모조리 새겨지는 것 같았다. 이 지하 같은 지층 방의 쾌쾌하게 축적된 습기마저 고스란히 내 얼굴에 각인되고 있는 게 분명했다. 도가 지나칠 정도로 내 얼굴은 처한 상황에 나날이 솔직해

오래된 집의 탐미

져만 가고 있었다.

　그래! 이게 다 지층 원룸 때문 아닌가. 벌써 몇 달째 이어지는 이 눅눅함, 이 꿉꿉함, 이 끈적임, 이 질척임, 이 후덥지근함, 이 금전적 손해, 이 못난 얼굴……. 모든 기분 나쁜 것들은 모조리 이 원룸 때문이다. 아니다. 아니다. 무언가를 탓한다는 것도 기운이 있을 때나 가능한 일이다. 맹렬하던 네거티브마저 이젠 무감각해졌다. 이미 감정이랄 것도 없는 내 심장이 D단조의 음울함을 벗어나지 못하고 특별한 기쁨도, 특별한 슬픔도, 특별한 분노도 없이, 지루한 빗줄기 속 미미한 입자로 분해되어 정처 없이 내뿌려질 뿐이다. 곧 이 원룸을 떠날 생각에 어느 정도 들떴던 설렘과 희망도 기운 없기는 마찬가지였다.

　그러나 외로움만은 달랐다. 나는 가로수길 시절이 그리워 외로웠고, 앞으로도 홀로 감당해야 할 수많은 일을 떠올리며 힘이 부쳐 또 외로웠다. 어떻게 해서든 그냥 빨리 가주었으면 하고 바라던 고단함으로 무장한 시간들. 어떤 시간들은 그저 견뎌내는 것 이상의 밋밋한 의미조차 지니지 못한다.

　그 여름 빗속 모호했던 내 비릿한 슬픔처럼 어떤 날은 동남아의 아열대 우기인 양 스콜이 쏟아지다가 순식간에 태양이 맥락 없는 존재감을 드러냈고, 무릇무릇 비스무리한 보통날에는 대기 가득 미스트가 뿌려진 듯 종일 가느다란 비가 내렸다. 분명 비가 오고 있는데도 우산을 써야 할지 말아야 할지 망설이게 만드는 요상스러운 날씨였다. 그렇게 오늘 날씨가 맑은지 흐린지 명징하게 정의할 수 없더니 급기야 역대급 수마가 서울을 할퀴었다.

　모든 걸 뚫어버릴 기세의 모진 빗줄기 속에 그동안 악착같이 버텨온 (아니, 숨긴 건가?) 이 오래된 집에도 몇 군데 누수가 비쳤다. 이건 또 어떻게 해야 하나? 공사가 진행될수록 돈 들어 갈 일이 자꾸만 심란하게 생겨났다. 그렇다고 이걸 가지고 난 리를 치기엔 여기저기 다들 피해가 극심했다. 나의 괴로움은 그저 사소한 것이 되고 마는 아이러니. 타인의 더 큰 불행을 보 며 얻게 되는 묘한 안도감. (그들의 불행을 즐긴다는 건 결코 아 니지만) 감히 샤덴프로이데라 부를 수 있을까? 더군다나 상업 공간과 주거 공간을 결합하려는 내 의지는 점점 더 일을 복잡 하게 만들고 있었다. 오히려 예산 절감을 위해 선택한 것들 때 문에 비용이 더 들어가기도 했다. 어차피 돈만 조금 더 들이면 해결될 일들. 돈, 돈, 돈. 그래! 원룸 렌트비라도 아끼자.

이사를 하기로 했다. 물론 공사가 한창이지만 변기와 세면 대, 싱크대도 설치했고 기본 조명도 달았다. 비록 복층 새시와 중문, 그리고 현관문 제작이 계속 지연되고 있긴 해도 분명 이 삿날까지는 해결될 거다. 집 한쪽에 필요한 짐만 풀어놓고 살 살 나머지 내부 공사를 해나가면 된다.

처음 3개월 계약이 무색하게 매달 연장을 반복하는 통에 아예 눌러살지나 않을까 걱정되었는지 원룸 어르신도 하루빨 리 나가주길 바라는 눈치였다. 하긴, 내가 몇 년은 살 것처럼 짐을 빼곡히 들여놓았으니 더 불안했을지도 모르겠다.

곰팡이가 지워지지 않는 주방용품과 살림살이를 버리고 몇 달 동안 한 번도 펼쳐보지 않은 책과 한 번도 입지 않은 옷가지 들을 포장했다. 어디선가 묘하게 썩은 내가 흐르던 이 지층 원 룸을 그리워할 일이야 없겠지만 마지막으로 한 차례 둘러보니 착잡하게 회한은 서린다.

드디어 이사를 했다. 반지하 공사를 먼저 마치고 당분간 그곳에서 지내며 1층 공사를 진행하겠다, 아니다, 모든 공사가 깔끔히 마무리된 뒤 입주하겠다, 아니, 다시 생각해보니 반지하부터 빨리 끝내는 것이 좋겠다, 온갖 변덕을 부리더니 결국 이렇게 1층도 반지하도 여전히 공사 중인 상황에서 이사를 하게 되었다.

"어? 방충망 어디에 있어요?"

8월 중순 새벽까지도 세차던 비가 그치고 햇살 냄새가 진동하던 날, 에어컨도 방충망도 설치되지 않은 집에 입주를 했다. 그리고 투명 창문 위로 덕지덕지 비닐부터 붙였다. 창호를 단 지가 언제인데, 그 오랜 시간 방충망을 까맣게 잊은 업체가 원망스럽기만 했다. 더군다나 거금을 들인 준공 청소도 무색하게 구석구석 남아 있는 콘크리트 알갱이와 먼지가 건강마저 위협하고 있었다. 마치 비자발적 고행자처럼 낮 동안 침입한 산모기와 사투를 벌이고 더위에 무딘 내가 하루에도 서너 차례 찬물 샤워를 해대며 남은 여름의 밤들을 보냈다.

모든 것이 혼자인 외로운 과정이었다. 가장 애정하는 계절 여름, 그 햇볕에 흠뻑 젖고 싶었지만 현실은 그저 눈물과 장맛비에 질척하게 젖어들 뿐이었다. 혹시 신이 내게 악의를 품었을까. 나는 신도, 주변 사람들도 흔쾌히 내어주지 않는 의지처를 겨우 이 집에서 구하고 있었을 뿐인데. 뭔가 불경스러운 행동이라도 한 걸까. 지금 내가 의지할 곳은 이 집뿐인데. 이 시간 나를 견디게 해주는 것도 이 집뿐인데…….

이삿날 반짝이던 태양은 일장춘몽이었을까. 다시 연일 비만 내렸다. 거세졌다 잦아들기를 반복할 뿐 절대 끊김 없이 이

어지고 있었다. 문득 이 비가 그동안 내내 지녀온 '희망'이라는 것과 닮았다는 생각이 들었다. 간절히 바라기도 하고 애써 무심한 척도 했지만 결코 놓은 적 없던 내 희망이 길고 지루하게 이어지는 여름 빗줄기 같았다. 누구에게나 이렇게 삶을 억세게 견뎌야 하는 시절이 있는 거겠지. 안달루시아 코르도바를 여행하며 가져온 훌리오 로메로 데 토레스의 작품 프린트를 빗소리 가득한 현관 벽면에 단단히 붙여두었다. 집 안을 들고 날 때 가장 먼저 눈이 가고 가장 마지막까지 인상적인 여운을 남길 곳에. 혹독함은 아름다움을 꽃피우는 토양이다.

소녀의 고요한 표정과 우아하면서도 당당한 자세가 작은 화로의 열기와 대비를 이루며 묘한 긴장감을 전한다. 이 그림은 훌리오 로메로 데 토레스가 병으로 고통받던 중에도 예술에 대한 열정을 잃지 않고 완성한 마지막 작품이다. 삶과 예술적 유산이 집대성된 이 독창적 화풍 속에는 단순한 노동의 묘사를 넘어 순수한 이상과 현실의 고통, 내면의 힘이 성숙하고 깊이 있게 표현되었다.

작품에 드리운 어둠은 1930년대 스페인의 시대적 고통과 화가의 내면적 갈등을 함께 상징한다. 당시 스페인 사회는 내전과 대공황의 여파로 극심한 경제적 어려움에 처했고 전통적 가치와 현대화 사이에서 복잡한 갈등을 겪고 있었다. 훌리오 로메로 데 토레스는 전통적인 안달루시아 미학과 문화에 깊은 애착을 가지고 있었기에 소중한 유산이 쇠퇴해가는 흐름을 무척이나 안타까워했다.

화폭의 왼쪽 원경에는 열린 문 너머 황혼의 하늘 아래로 리베라 거리, 과달키비르 강, 로마 다리, 그리고 칼라호라 성 등

홀리오 로메로 데 토레스Julio Romero de Torres, 〈석탄장수 소녀La chiquita piconera〉
1929~1930년경, 캔버스에 오일&템페라, 100 × 80cm,
코르도바 홀리오 로메로 데 토레스 박물관 소장

그가 그토록 사랑했던 코르도바의 도시 전경이 아득히 펼쳐진다. 기독교, 이슬람교, 유대 학문과 문화가 뒤섞인 독특한 조합의 지적인 고대 역사 도시 코르도바에 머무르며 내가 숱하게 걷던 길이기도 하다.

낮에는 좁은 골목과 화려한 파티오 정원을 새하얀 흰색 벽 뒤로 숨긴 유대인 지구를 걸었고, 해 질 무렵에는 로마 다리에 올라 관용과 지성으로 반짝이던 고풍의 도시를 경탄하며 우러러보았다. 아스라이 스러져 간 코르도바의 옛 영화처럼 빛나는 일몰이 어둑한 황혼으로 변해가는 시간. 아마도 그의 삶이 얼마 남지 않았음을 암시하는 듯해 먹먹한 경애를 보내고 싶어졌다.

훌리오 로메로 데 토레스의 작품에는 안달루시아 여성의 풍만한 육체적 아름다움과 정교한 성적 에로티시즘이 짙게 드러나지만 결코 선정적이거나 노골적이지 않다. 때때로 그는 성모 마리아의 종교적 이미지와 에로틱한 여성을 한 화면에 병치함으로써 신성함과 인간 욕망의 대비를 통해 삶과 죽음의 경계를 탐구했다. 이는 관능성과 영성이 결합된 스페인 특유의 가톨릭 전통과 미학이 얽혀 있는 독특하고 상징적인 표현 방식으로 여겨진다.

석탄 화로는 이상향과 대비되는 고된 현실을 시각적으로 함축하며 고통 속에서도 강인한 생명력으로 피어오른다. 그림 속 여인이 지금의 나 같다는 생각에 현관을 오갈 때마다 부지런히 작품에 시선을 맞춘다. 생의 어느 때보다 고달프고 또 외로웠던 올여름, 왠지 내게 위로가 될 것만 같아서, 저 강렬하고 위엄 있는 눈빛을 닮고 싶어서.

골목길을 마주하며

고대 로마에는 "야누스의 얼굴을 지녔다"는 표현으로 우리에게도 친숙한 '야누스Janus'라는 신이 있는데 원래는 문門의 신이었다. 문은 인간이 궁극적으로 도달하는 종착점인 동시에 시작점이기도 하기에 그 상징적 의미가 서로 반대쪽을 보고 있는 두 개의 얼굴로 형상화된 것이다. 한 해가 끝나고 새해가 시작되는 1월을 라틴어로 야누아리우스Januarius, 영어로 재뉴어리 January라 부르는 이유도 바로 '야누스의 달'이라는 의미에서 유래한다. 그렇게 시작과 끝을 동시에 품은 채 안과 밖을 엮어주는 야누스의 문을 열고 드디어 나의 집에 입성했다. 몇 달 동안 내가 가장 즐겨 한 상상은 바로 이 순간이었다. 나의 집으로 하루빨리 이사하는 것. 기존 세상을 떠나 새로운 내 삶의 시즌 2로 들어서는 것.

이 동네에는 볼 수 없던 낯선 풍경을 만들고 싶었다. 외부의 골목과 그 길에 바싹 붙어 있는 나의 집의 경계를 분명하게 나누기 위해, 이 문을 열고 들어서면 다른 세상이 펼쳐질 것 같은 기대감을 위해, 고풍스러우면서도 임팩트 있는 양개 도어를 정성 들여 디자인했다. 동쪽 아차산 자락을 향해 길고 좁다랗게 흐르는 퇴색한 골목길과 마주한 나의 집이 이질감 없이, 그렇지만 색다르게 녹아들길 바라는 마음이었다.

이런 상상력은 내 오랜 백화점 콘셉트 연출 작업의 산물이기도 하다. 대개 현실을 바탕으로 편리하고 필요한 공간을 만드는 대신 일련의 테마로 창조된 가공의 아름다움으로 가득한 비일상적 공간을 설계하는 작업이었다. 마치 연극이나 영화, 전시 공간처럼 일반적인 시공간의 질서를 벗어나 현실과 환상이 공존하는 가상 세상에서 특별한 경험의 가치를 제공하기 위함이다. 지극히 상업적인 백화점이지만 물건을 팔거나 매출을 올리는 생산성이 목적은 아니다. 오히려 가족, 친구, 연인과 즐기는 테마파크와도 같은 공간이다.

사실 백화점이 처음 탄생한 19세기부터 이곳은 단순한 쇼핑 공간 그 이상이었다. 1년 내내 성대한 오페라와 콘서트가 열렸고 차와 간식거리를 무료로 제공해주는 도서관과 전시장이 마련되어 있었다. 더불어 저명 인사를 초청해 고정적으로 강연회를 개최하던 인문 예술 살롱이자 복합 문화 공간이었다. 그 안에서 벌어지는 모든 행위를 동경하게 만들어 그날 밤 미처 사지 못한 물건들로 애타게 잠을 설치게 유혹하는 소유욕과 경험욕의 성지였다.

자, 한번 상상해보자. '프로방스Provence'를 소재로 백화점 내

오래된 집의 탐미

문화홀이나 넓은 야외에 체험형 테마 공간을 구성한다면 어떨까? 우선 '반 고흐의 태양 아래, 광기와 빛의 순례'나 '세잔의 팔레트 아래, 프로방스의 형상과 빛'처럼 세부적인 주제와 일관된 스토리텔링이 필요하다. 이는 방문객이 공간 안에서 몰입할 수 있도록 돕는 핵심 요소로, 다양한 장면을 유기적으로 연결하며 호기심을 자극하는 역할을 한다.

그런 다음 공간 전체를 프로방스풍의 소박한 색채미로 채워나간다. 목재 건축 구조물과 상징적인 오브제, 자연 소재로 구현한 라벤더와 올리브 조경을 비롯한 물리적 속성 위에 영상이나 빛 같은 비물질적 재료를 조합하여 구체적이고 실감 나는 시각적 요소를 디자인한다. 아울러 프로방스의 자연과 문화에서 영감을 받은 예술작품을 함께 전시하고 유럽풍 돌바닥이 깔린 노천 카페에서는 방돌Bandol 로제 와인을 시음하거나 그라스의 향수를 시향할 수 있는 체험형 콘텐츠도 기획한다.

마지막으로 지중해 미스트랄 바람과 푸른 물결 소리를 떠올리게 하는 음악적 선율로 청각마저 즐겁게 해준다면 이 테마 공간은 피상적인 체험을 넘어 기억 속 오랜 잔상에 남을 공감각적인 여행이 될 것이다.

이때 무엇보다 어설프거나 조악한 조형물로 전락하지 않도록 특별한 주의를 기울여야 한다. 사실에 가까울 만큼 구상적이면서도 지나치게 하이퍼리얼리즘적인 다큐멘터리가 되어서는 곤란하다. 영화 〈그랜드 부다페스트 호텔〉이나 〈플로리다 프로젝트〉에서 보여주는 동화적인 색채의 미장센을 품고 있어야 공간이 전하는 아름다운 허구 속으로 녹아들듯 빨려 들어갈 수 있다.

이런 심미적 조화는 아주 작은 공간에서조차 명확한 고유의 세계관을 담아내며 무한한 가능성을 드러내는 장치가 된다. 보다 기발한 상상력과 풍부한 어휘로 한 편의 이야기를 지닌 공간 문화를 창조하기 위해 때로는 조형예술가의 시선으로, 때로는 화가의 관찰력으로, 때로는 문인의 필력으로, 때로는 여행가의 도전으로 이채로운 작업 방식을 모색해가며 공간에 접근하려 노력한다.

공간의 콘셉트와 테마를 구상할 때면 종종 여행 가고픈 나라를 떠올린다. 구글 지도를 펼쳐 지리적 맥락을 이해하고 역사와 문화, 예술을 집요하게 파고드는 과정은 가본 적 없는 여행지를 감정으로 체현하게 하는 신묘한 힘을 지녔기에 고단함도 잊고 마치 여행을 준비하듯 작업에 몰두할 수 있었다. 때로는 지난 여행의 추억 속에 간직된 실존하는 장소로부터 허구의 공간을 끌어내기도 했다. 겉으론 진짜처럼 보이지만 실상은 철저히 의도된 가공의 세계로 안내하는 공간 연출, 이것이 바로 나의 일이다.

이런 공간은 필연적으로 덧없이 사라질 수밖에 없는 숙명을 지닌다. 하지만 이삿날에야 극적으로 완성된 저 청록색 양개 도어 안에는 앞으로도 오랜 시간 사라지지 않고 남아 있을 내 공간, 내 새로운 세상이 존재한다.

청록색 양개 도어로 구분 지어진 집의 안과 밖, 그 사이 작은 마당을 틈으로 두고 오늘도 바람이, 햇살이, 사람들이 오고 간다. 집 내부가 사적인 나의 취향과 라이프스타일을 보여준다면, 외부는 다른 이들에게 보여주고 싶은 공적인 나의 또 다른 페르소나이기도 하다. 이 문의 매혹적인 끌림이 이웃과 동네,

오래된 집의 탐미

더 넓게는 서울이라는 대도시 속 수많은 사람들과 나를 연결하는 단초가 된다면 내 새로운 삶의 시즌 2 모습으로 완벽할 것 같았다. 공간으로 사람과 소통하는 일을 하는 만큼 나는 나의 이 집도 가리고 덮기보다 열고 소통하고 싶었다. 이국적인 빈티지 미감을 물리적으로 표현하고 싶은 욕구, 나를 개성 있게 드러내 보이며 타자와 관계 맺고 싶은 욕망. 청록색 양개 도어에 내 두 소망의 풍경을 사려 깊게 새겨 넣었다.

집 외관의 아이덴티티와도 같은 이 문 또한 쉽게 만들어진 건 결코 아니다. (비용은 비용대로 들였건만) 역시 그렇게 호락호락할 리 없었다. 도어 업체의 여름휴가, 작업장의 수해 피해, 게다가 업체 측의 어이없는 실수까지 반복되면서 제작이 차일피일 지연된 문은 수정에 수정에 수정을, 또 수정에 수정에 수정을 거듭했다. 심지어 양쪽 문을 반대로 부착하는 바람에 이사하는 날에야 겨우 문짝만이라도 대롱대롱 달 수 있었다. 그마저 양개 도어 중앙의 바람막이는 보름 뒤에나 설치되었다. 그 사이 문틈으로 빼꼼히 집 내부가 훤히 드러날 정도였다. "이러면서 자주 보고 친해지는 거죠"라는 도어 업체 대표님의 멋쩍거나 얄미운 농담에도 어느덧 체념하며 함께 웃는다.

"그래요, 대표님. 우리 이제 많이 친해졌으니 제발 지금부터는 디자인대로 작업해주세요. 제발요!"

이 빈티지 메인 도어의 색감은 언뜻 보이는 것처럼 그저 그런 초록이 깊어져 생긴 단조로운 딥그린이 아니다. 잘 보면 블루가 똑! 똑! 몇 방울 덧대져 지적이면서도 한층 품격 있는 무드를 자아낸다. 내 눈에는 확실히 그렇다.

공간의 주조색을 고를 때마다 블루와 그린 사이에서 지루하게 고민하는 습성을 버리지 못하고 이번에도 머릿속으로 무수히 페인트칠을 해보며 갈팡질팡했다. 천상의 색, 영혼의 색, 정신의 색인 블루. 하늘의 블루는 영원과 신성神聖의 약속을, 바다의 블루는 무한한 가능성과 인간 내면의 깊은 심연을, 피카소와 로스코가 탐구한 예술 속 블루는 존재에 대한 성찰과 고뇌의 깊이를 함축한다. 한편, 그린은 생명력과 재생의 희망을 의미하는 동시에 질투와 불안을 내포하는 양면적 속성을 띤다. 프리드리히 같은 독일 낭만주의 화가에게 그린은 숭고한 자연이었으며, 셰익스피어는 그린을 '질투의 눈초리'로 표현했다.

나는 이 두 중성색이 지니는 역사적 상징성과 다문화적 맥락 사이를 유희하듯 고민하고 또 사랑한다. 그리고 고민의 끝은 대부분 블루를 머금은 그린, 그린을 머금은 블루로 애매하세 논리석 타협을 보는 편이다. 그런데 지금은 거실의 블루 타일에 온통 심상이 홀려버려 그린은 다소 보완적으로 사용될 뿐 그 위상이 줄어들었다. 메인 도어는 결국 블루와 그린 색소의 비율을 교묘하게 혼합하여 블루를 살짝만 머금은 청록색으로, 햇빛의 각도에 따라 묘하게 다른 음영감을 남길 수 있게 유도했다. 이렇게 선택된 빈티지 양개 도어의 깊은 청록색은 내부 가득 넘실대는 블루와 조우한다.

흠……. 거, 짓, 말! 사실, 저 메인 도어의 청록을 향한 내 경탄은 거짓말이다. 이성으로 겨우 달래놓은 왜곡된 심상이다. 원래 우리 집 메인 도어 색상은 지금보다 훨씬 산뜻한 딥그린이었다. 하지만 업체의 실수로 애초 내가 지정했던 페인트 컬러 넘버와는 다른 색이 칠해졌다. 톤이 너무 어두운데? 이상하네. 지금 햇빛이 없어서 그런가? 왜 이렇게 칙칙한 블루가 감돌

오래된 집의 탐미

지? 도어 업체는 지정된 컬러가 맞다며 내 의심을 어이없어했지만 나는 또다시 의심했다. 아무래도 이상해. 지금은 해가 이렇게 쨍한데 분명 이 색이 아닌 것 같아. 물증 없는 의심을 지속하다 마침내 진실은 드러나게 되었다. 마음 같아서야 당연히 "다시 칠해주세요!"라고 당당히 요구하고 싶었지만 그러기에는 너무 멀리 떠나온 뒤였다. 열심히 작업해주신 업체 대표님과 형성된 주관적 라포 탓에 차라리 내 심상을 왜곡하는 게 나은 선택처럼 보였다. 내 눈에 노란색 필터라도 씌울까?

그렇게 내내 메인 도어를 흘겨보며 속상해하던 어느 날, 불현듯 프랑수아 부셰의 작품이 떠올랐다. 정확하게는 커다란 화폭을 압도하는 프랑스식 로코코 드레스의 고상한 청록색 광택이 떠올랐던 거다. 치마 속 파니에가 만들어낸 풍성한 볼륨감, 섬세한 소매 끝의 앙가주 레이스, 정교하게 묶인 리본과 장미 모티프 자수까지. 이 우아하고 경쾌한 로코코 미학의 절정이 수놓인 청록색 실크 드레스 덕분에 마담 퐁파두르는 여느 때보다 더 생기 있고 확고한 자신감이 넘쳐 보였다.

18세기 목가적인 전원 풍경과 신화적 주제를 즐겨 그린 부셰는 로코코의 이상적인 여성상을 확립했다. 사랑스러우면서도 살짝 유혹적인 분위기. 이 여성상에는 사치와 쾌락이 만연하던 시대적 맥락에서 귀족들이 꿈꾸던 낭만적 환상과 현실 도피적 욕망이 함께 담겨 있다.

마담 드 퐁파두르는 부셰의 작품을 통해 자신의 위상을 높이며 로코코 예술의 전성기를 이끈 상징적 인물이었다. 프랑스 루이 15세의 총애를 받은 애첩이자 정치적 조언자였던 그녀는 문화적 중추로서 '로코코의 여왕'이라는 별칭으로도 불렸

프랑수아 부셰François Boucher, 〈마담 드 퐁파두르Madame de Pompadour〉
1756년, 캔버스에 오일, 205×161cm, 뮌헨 알테 피나코테크 소장

다. 1756년, 부셰가 이 초상화를 제작했을 시기 퐁파두르는 궁정 생활의 정점에서 예술과 학문, 정치 전반에 걸친 막대한 영향력을 행사했기에 그림 속에는 그런 그녀의 예술적 안목과 지적인 상징이 가득하다.

자그마한 탁자 위로 놓인 편지봉투와 촛대, 봉납인장, 잉크병은 그녀가 조금 전까지 중요한 일에 몰두했음을 나타내고, 뒤편에 가지런히 꽂힌 《백과전서》를 포함한 교양서적은 계몽주의 철학에 대한 그녀의 깊은 관심을 엿볼 수 있게 한다. 손에 들고 있는 책은 독서와 학문에 대한 열정을 상징한다. 실제로 그녀는 3,525권에 이르는 방대한 개인 도서관을 소유했던 것으로 알려져 있다. 더불어 발치에 묘사된 애완견은 부부간의 충성을, 상단의 큐피드는 미남이었던 루이 15세의 별명을 연상시키며 사랑과 신뢰까지 은유적으로 표현한다. 이처럼 부셰의 작품은 수많은 상징적 요소를 통해 그녀를 지적인 예술과 문학의 수호자로 표현해내고 있다.

마담 드 퐁파두르는 부셰를 비롯해 일생 동안 프랑스의 가장 위대한 예술가들과 장 자크 루소, 볼테르 등 당시 불온사상으로 여겨졌던 계몽주의 사상가들을 후원하며 그 기틀을 마련한 장본인이기도 했다. 비록 지나치게 화려하고 장식적인 로코코 미감이 뒤이어 도래한 신고전주의자들로부터 현실과 동떨어진 시대착오라는 논란을 낳았고 어쩌면 오늘날에도 진부한 이미지로 인해 많은 모던 추종자들의 외면을 받을지언정, 그녀의 뛰어난 지성과 문화적 기여마저 존경하지 않을 수 있을까. 그녀의 삶과 예술적 후원은 그 자체로 로코코 시대의 찬란한 빛과 그림자를 아우르는 위대한 상징으로 예술과 일상의 경계를 허물고 아름다움에 진심으로 탐닉했던 낭만의 유산으로 여전히 우리를 매혹한다.

로코코의 사그라짐과 함께 부셰도 오래된 폐허처럼 잊혀갔다. 하지만 그는 단지 그림만 그리던 화가는 아니었다. 예술, 건축, 의상, 실내 장식, 심지어 일상 용품까지도 미적 감각으로 설계되던 시절, 무대 디자인과 장식예술에 뛰어난 재능을 발휘했다. 특히 오묘한 분위기를 풍기는 서정적 공간을 창조하는 데 일가견이 있었다. 이탈리아 유학 중에도 장엄한 고전 작품에 열광하기보다 도시 한복판의 반쯤 무너져내린 불완전한 폐허 더미에서 아련한 미적 쾌감을 얻었다. 나처럼 폐허의 무드를 사랑했던 예술가. 그 예술가가 표현해낸 청록색 드레스의 깊이 있는 색감이 마담 드 퐁파두르의 격조 높은 품위를 한껏 고조할 뿐 아니라 나의 집도 같은 차원으로 격상시켜주는 듯한 동질감에 반가웠다. 게다가 프랑스에서는 마리 앙투아네트와 나폴레옹 시대에 청록이 '공작색'으로 불리며 왕실과 권위를 표상했고, 합스부르크 가문의 여성들은 이 공작색 드레스를 즐겨 입고 온 유럽을 호령하며 가문의 혈통과 권위를 드러냈다고 한다.

어느덧 나는 청록색을 그윽하게 감도는 역사적인 분위기에 서서히 달아오르고 있었다. 개연성은 부족할지라도 하찮은 위로가 되어줄 이유는 찾을수록 생겨나기 마련이니까. 그럼에도 종종 밝은 생동감이 아른아른 눈에 밟힐 때면 집 내부 블루 타일과의 조화를 위해 단순한 딥그린이 아닌 블루를 몇 방울 똑! 똑! 떨어뜨렸다는, 마치 제작 비화 같은 스토리마저 부러 만들어내며 여전한 아쉬움을 희석해가고 있다.

오래된 집의 탐미

유미주의자의
빈티지 인테리어 예찬론

"이 세상은 우리의 상상을 펼치는 캔버스일 뿐이다."

— 헨리 데이비드 소로

쿵쾅쿵쾅, 쓱싹쓱싹. 비닐을 덕지덕지 붙여놓은 커튼 없는 투명창 밖으로 페인트 롤러가 왔다 갔다 하는 모습에 화들짝 놀라 잠을 깬다. 애써 붙여놓은 비닐이 밤새 또 반쯤은 떨어져 있다. 마스킹테이프도 OPP테이프도 안 되면 도대체 뭘로 붙여야 하는 거야? 볼멘소리와 함께 서둘러 비닐을 다시 붙인다. 그러고 보니 지난밤에는 끈적이는 더위 때문에 깨지도 않았다. 콧속으로 느껴지는 집 안 공기도 한결 느슨해진 걸 보니 이제 자다 깨어 찬물 샤워를 할 일도 더 이상은 없을 것 같다. 비와 눈물에 질척이던 지난여름이여, 안녕!

제작이 늦어진 현관 중문과 복층 철제 프레임을 설치하고 때늦게 방충망도 달았다. 쌓아놓은 짐을 이리저리 옮겨가며 미진한 페인트를 손보고 입주 청소 때 손상된 싱크볼과 타일을 교체하며 부지런히 내부 공사를 마무리하는 동안 바깥에서는 외벽 페인트칠이 한창이다. 계절이 몇 번 바뀌어 이 집을 처음 만났던 가을이 되돌아왔어도 공사는 언제나처럼 진행 중이었다. 일상이 되어버린 공사. 풀풀 날리는 먼지 입자는 마치 산소인 양 나의 폐를 교란했고, 공사 소음은 나지막이 틀어놓은 카페 BGM과 별반 다르지 않을 만큼 익숙해진 지 오래다.

먼지 구덩이 속에서 이삿짐을 풀었다. 온갖 이국적인 것들에 매료된 19세기 예술가가 아틀리에 안에 자신의 작품과 생경한 타국의 정취를 낭만적으로 녹여냈듯 나도 지난 여행지에서 모은 추억의 산물로 무질서한 공간을 채워가기 시작했다. 빈티지 가구를 배치해 전체적인 레이아웃을 구성하고 부지런히 이삿짐 박스를 열어 옷가지와 살림살이, 데코 소품과 책을 꺼내어 손상된 곳은 없는지, 지난 장마에 곰팡이는 피지 않았는지 세심히 확인한다. 포스터와 액자들도 제각각 어울리는 장소를 찾아준다. 원래부터 거기 있었던 것처럼 있어야 할 그 자리에! 무엇 하나 허투루 놓이는 것이 없도록 정확하게! 대충 무작위로 놓여지는 듯 보이겠지만 나만의 디자인 법칙에 따라 한 치의 오차도 없이 배열되고 있다.

박공지붕의 높은 수직적 파사드 안에 가구, 조명, 오브제 등 모든 조형적 요소를 담아 따스한 빈티지 질감을 지닌 미장센을 연출한다. 거실 벽에 나란히 둔 돔 드레서와 프렌치 뷰로 사이로는 크리스틸 샹들리에를 길게 늘어뜨려 내 영화의 가장 상징적인 장면을 만들어낸다. 이때 벽에 바짝 붙이지 않고 동선에 큰 방해가 되지 않는 한 벽에서 멀리 떼어내 마치 샹들리에가 거실 한가운데 부유하는 듯한 느낌이 들도록 원 형태의 삼차원적 양감量感이 고스란히 드러나게 설치하는 것이 내 스타일링 노하우다. 예상치 못한 약간의 낯섦을 더할 때 공간은 더욱 특별해지고 평범한 장식품도 독특한 아트 오브제로서 완전히 다른 차원의 지위를 부여받는다.

이 존재감 충만한 샹들리에는 화려한 형태에도 불구하고 크리스털의 투명함 덕분에 절대 과해 보이지 않는다. 어떤 공간, 어떤 색채와도 이질감 없이 어우러지며 언제나 독특하고 우아한 분위기를 만들어낸다. 10년 전 을지로에서 마지막 하나 남은 이 조명을 운 좋게 데리고 온 후, 이사를 할 때면 앞으로도 변치 않을 유구한 전통처럼 새로운 공간의 가장 좋은 자리를 내어주었다. 와이어 하나하나에 펜던트를 걸고 높낮이를 맞추며 조심스레 설치해야 할 만큼 까다롭고, 행여 깨질세라 어지간히 신경을 곤두세워야 하지만, 그렇기에 역설적으로 나와 더 애틋하고 소중한 관계가 맺어진 게 아닐까. 투명한 표면에 부딪히는 빛의 여릿한 파장과 바람에 살랑이는 미세한 진동은 몽환적이면서 연약한 내 내면을 추상화한 느낌을 주기도 한다.

어떤 공간이든 그 안에서 그저 바라보고만 있어도 좋을 풍경 하나쯤은 지녀야 한다고 생각한다. 상업 공간이든 주거 공간이든, 지극히 현실적인 본연의 기능과 상관없는 무목적의 아름다움을 통해 삶의 위안을 얻을 수 있기를 바란다. 그러기 위해서는 (그것이 가구든, 조명이든, 식물이든) 시각적 중심을 잡아줄 인상적인 아이템 하나를 선택해 힘을 싣고 나머지는 조금 느슨하게 펼쳐내며 각각의 모양과 색이 만들어내는 강약의 리듬을 즐기는 것이 필요하다. 내가 지금 보고 있는 이 거실 샹들리에 장면이 앞으로 사람들이 나의 집을 기억하는 시그니처 풍경이 될 예정이다. 강렬하지만 우아하게, 화려하지만 품위 있게.

여기저기 펜던트 조명도 달아준다. 남쪽으로 향한 이 집은 동쪽 주방에서 시작해 시계 방향으로 방과 거실을 차례로 거쳐 오후 늦게면 서쪽으로 면한 작업실로 해가 길게 늘어진다. 종일 해가 그득한 집이지만 나는 인공의 조명마저 덧대고 싶었다. 빈티지 인테리어 하면 흔히 가구나 소품만 연상하기 쉽지만 그와 더불어 조명의 중요성을 간과할 수 없다. 특히 펜던트 조명은 공간에 높낮이를 주고 빛으로 입체감까지 전달하며 일상적인 공간마저 순식간에 로맨틱한 무드로 변모시킨다. 쨍하고 날 선 주광색 아래에서는 아늑한 빈티지 인테리어의 정취를 기대하기 힘들다. 조명마다 미세하게 달리한 빛의 세기와 다채로운 색온도의 간접조명에서 오는 아름다움이 있다. 기능적이면서 동시에 심미적이기까지 한 샹들리에 펜던트 조명은 '기능이 장식한다. 장식이 기능한다'라는 내 디자인 모토를 가장 잘 주조해주는 아이템이다.

이건 내가 수집해온 빈티지 가구와 소품에도 어김없이 통용되는 가치다. 실용성과 장식성을 완벽히 겸비한 나의 소장품 하나하나에 세심한 스타일링 손길을 덧대며 그들과 처음 만났던 가까운 과거를 여행하고, 더 오래전 누군가의 곁에서 은밀한 일상을 함께했을 흘러간 옛 시절에 대해 상상했다. 인간이 만든 모든 문화 예술이 그렇듯 이 가구와 소품 역시 당대의 철학과 생활을 고스란히 반영한다.

상단부의 곡선형 아치 구조가 고풍스러운 영국 빅토리아 시대 돔 드레서는 하단부 오크 서랍문 뒤로 널찍한 수납 공간을 숨겨놓았다. 중간 부분에 서류와 책을 깔끔하게 보관할 수 있는 빈티지 허치는 가운데 서랍장을 앞으로 확장해 책상으로도 활용 가능한, 20세기 초 미국 중산층 가정이 추구했던 효율성의 미덕마저 지녔다. (나의 지적인 서재를 위한 최적의 가구라 확신한다!) 한편 작업실 슬라이딩 도어 끝, 애매하게 남겨진 거실 한구석에는 글라스 코너 캐비닛이 마치 맞춤형 가구처럼 꽉 맞게 자리를 채운다. 이 삼각형 수납장은 독특한 형태만으로 시각적 호기심을 자아내지만 또 그 형태적 특성 때문에 공간의 데드 스페이스를 살뜰히 사용하며 개성 있게 꾸미는 데 더없이 유용한 선택이다. 무엇보다 모자이크처럼 납땜으로 이어 붙인 유럽 전통 방식의 유리를 바라보고 있으면 아득한 과거 속 닿아본 적도 들어본 적도 없는 이국의 도시로부터 오래된 바람이 불어오는 것만 같다. 그 미풍에 실려 온 낯선 허구의 냄새에 멍하니 취해 있다 보니 마지막 여행을 한 지 체감보다 훨씬 오래되었다는 사실을 깨닫고 나도 모르게 얕은 한숨을 내뱉고 말았다. 내가 수집한 사물들이 겹겹이 층위를 이루며 쌓아 올린 시간의 풍경은 어느새 '나'라는 사람의 현재에 스며들어 가본 적도 없는 시공간을 그리워하게 만든다.

빈티지 가구들이 제각각 저마다의 역사적 감각을 짙게 배고 있다는 점이 무척이나 마음에 든다. 더 많은 시대의 풍경을 수집할 요량으로 시간이 날 때면 미술관을 찾는 취미처럼, 부지런히 서울과 경기도 인근의 빈티지숍을 방문하는 까닭이다. 발품을 팔다 마음에 드는 물건을 발견하면 자연스레 몇 가지 나만의 판단 기준을 떠올린다. 개성 있는 희귀한 디자인인가? 심미성과 더불어 기능성도 있는가? 지금 집에 있는 것들과 두었을 때 튀지 않고 어우러지는가? 무리하지 않고 부담 없이 구매할 수 있는 가격인가? 이러한 질문을 던지며 꼼꼼히 따져보고도 한참을 망설이고 심사숙고를 거듭한 끝에야 구매를 결정하는 편이다. 세월이 지나야 더 멋스러운, 파고들수록 더 흥미로운 이야기를 간직한 제품을 찾기 위해 해외 마켓을 샅샅이 뒤지거나 주문 후 1년씩 기다리는 수고도 마다하지 않는다.

제대로 된 명품 가방 하나, 구두 한 켤레 없으면서 나름 과감하게 빈티지를 구매하는 이유는 내 관점에 있다. 나는 예술 작품을 바라보는 시각으로 빈티지 가구와 소품을 인식한다. 빈티지의 가치는 단지 피상적인 시간의 축적에만 있지 않다. 단순히 필요한 공산품적 접근 방식이 아닌, 하나의 창작물로 바라보던 장인 정신이 깃든 시절, 혹은 건축가의 고유한 디자인 철학이 담겨 있기에 더 큰 가치를 지닌다. 물론, 역사적으로 대단한 물건이 아니더라도 저마다의 미적 감각으로 골라낸 빈티지 아이템은 누군가에게는 신인 작가의 그림만큼이나 예술성과 조형성을 갖춘 셈이다. 결국 내가 생각하는 빈티지 가구와 소품의 매력은 아티장 정신과 그것을 바라보는 철학적 태도에 있다. 또한 의도적으로 과거의 미학적 가치를 선택하여 내 방식대로 재해석하고 재구성하는 주체적 의미를 내포한다.

그런 맥락에서 이 집에 형상화된 내 주제는 명시적이지 않고 암시적으로 하나하나 해석되기를 의도한 것이다. 마치 오백 년이 흘러도 영원한 수수께끼로 남아 있는 브론치노의 〈비너스와 큐피드의 알레고리〉처럼 상징으로 가득한 세상을 탐하고 싶다.

비너스에게 입을 맞추고 있는 큐피드의 도발적인 행동은 단순히 사춘기 소년과 어머니 사이의 친근한 장난일까? 금기

오래된 집의 탐미

아뇰로 브론치노Agnolo Bronzino,
〈비너스와 큐피드의 알레고리Venus, Cupid, Folly and Time〉
1545년경, 패널에 오일, 146×116cm, 런던 내셔널 갤러리 소장된 사랑의 위험성을 경고하는 도덕적 신호일까? 아니면 욕망과 도덕의 경계를 탐색하려는 예술적 시도일까? 오른쪽 상단에서 모래시계를 짊어진 시간의 신 크로노스는 어둠의 파란 장막을 덮으려는 걸까, 아니면 걷어내려는 것일까? 그의 애매모호한 행동은 우리를 혼란스럽게 한다. 또 크로노스에 대항하며 서 있는 뒷머리가 텅 빈 창백한 여인은 누구란 말인가? 진실을 밝히려는 그의 딸 진리인가, 아니면 시간에 맞서는 망각인가? 무엇보다 큐피드 뒤에서 괴로운 표정으로 머리를 감싸고 있는 노파는 사랑에 필연적으로 동반되는 질투를 의인화한 것일까? 아니면 초록 낯빛과 빠져버린 치아로 보아 당시 유행하던 매독의 저주를 드러내는 존재일까?

사랑과 욕망은 즐거움을 가져다주지만 본질적으로 어리석음과 고통을 초래한다. 짙푸른 색소에 갇힌 듯한 폐쇄적인 화면 속에는 이러한 사랑의 양면성을 탐구한 알레고리와 명확히 해석되지 않는 수많은 상징이 자리한다. 이들 상징은 오늘날까지도 미술사가 사이에서 예술적, 철학적 논쟁을 불러일으키는 화두로 남아 있다.

브론치노가 활동했던 16세기 중반의 피렌체는 르네상스 전성기를 지나 매너리즘으로 접어들던 시기였다. 매너리즘은 극도로 세련된 기교와 길고 우아한 인체 표현으로 관능미를 이상화하며 사실적인 재현을 넘어 과장된 비율과 왜곡된 공간을 통해 현실을 초월한 미학을 추구했다. 당시는 지식인을 대상으로 눈을 즐겁게 하면서도 교양과 식견까지 엿볼 수 있는 알레고리를 미술 속에 숨겨놓는 것이 유행이었다. 고상한 취향과 지성을 최고의 가치로 삼은 지배층은 그림과 조각으로 가득 채

오래된 집의 탐미

운 공간에 그들이 꿈꾸던 현실과 유리된 새로운 파라다이스를 만들어 정서적 도피처로 삼았다.

브론치노의 〈비너스와 큐피드의 알레고리〉에는 이 비밀스러운 환락과 매너리즘 미학이 고스란히 담겨 있다. 화가이자 시인이기도 했던 브론치노의 수작답게 파격적 이미지 속에 숨겨진 복잡하고 모호한 각각의 도상들을 연결해 한 편의 텍스트처럼 읽어야 한다. 이런 지적 유희 덕분인지 외설적이라기보다 오히려 논리적이고 이성적인 그림이라는 모순적인 인상을 남긴다.

이 집 안에도 단순히 미적인 이유만으로 선택된 건 하나도 없다. 항상 미감에 앞서 관념을 떠올렸기 때문이다. 보이지 않는 무형의 가치와 염원을 은유적이고 상징적인 감각 장치를 통해 '집'이라는 공간으로 물성화해나간다. 이곳에는 그럴싸한 예술작품이라곤 단 한 점도 없지만 미술품을 수집하듯 마음 다해 모아온 가구와 지난 여행의 회상이 담긴 빈티지 소품, 그리고 거기에 녹진하게 스며든 가치 있는 사물에 대한 철학적 사유가 농밀하게 어우러져 있다. 예술작품 하나 없이도 한 폭의 설치미술 같은 집을 만들 수 있다는 나만의 신화, 그 불가능한 욕망과 고민마저 어쩔 수 없이 뒤섞인 채 '집'이라는 유기체가 되어 공생을 시작한다.

시간이 스민 서재

먼지 구덩이 공사판에서 이삿짐을 풀고 정리한다는 건 극악의 고통에 가까웠지만 박스가 비워질 때마다 예기치 못한 환희를 느끼기도 했다. 이제 서재의 짐도 풀기 시작한다.

책과 삶이 분리되지 않고 일상의 모든 시선 끝에 책이 걸리는 지적인 공간을 꿈꾸며 여행길에 함께했던 책들과 인문·역사·예술 서적을 책장에 쌓아 올렸다. 한동안은 여행 에세이만 보이더니 이내 문학 책이, 그다음엔 미술사 책이 뒤를 잇는다. 표지를 하나씩 넘겨 색연필로 적어둔 읽은 날짜를 확인하고, 이렇게 한 건 참 잘한 일이라며 스스로를 칭찬해주었다. 그러다 문득 "당신이 읽은 책이 당신을 말해준다"는 괴테의 말이 떠올랐다.

책마다 얽힌 내 과거를 떠올리며 더 깊은 상념에 젖어들던 중 태국 코사무이행 페리 스티커가 붙은 유난히 꼬깃꼬깃해진 책 하나에 시선이 머물렀다. 내게 여전히 두툼한 두께만큼이나 묵직한 여운을 남겨놓은 책, 남국의 따뜻한 햇살 테라피만큼이나 내 영혼을 위로해주던 책, 고스란히 한 사람의 지난 시간을 안고 있는 책. 태국과 라오스를 발길 닿는 대로 방랑하던 내 옛 시절을 간직한 이 책 안에는 실패한 연애의 좌절과 미래에 대한 불안, 타인의 시선에 휘둘리던 나약한 가치관의 혼란까지 휘갈겨 쓴 일기처럼 빼곡하게 기록되어 있었다. 킁킁. 그리고 이건 분명 짭조름한 태국 바다 냄새다. 그 비릿한 향취에 시고 달고 맵고 짠 똠얌꿍의 알싸한 향신료와 절대 빠질 수 없는 맥주 창의 거품까지 모조리 코코넛 태닝 오일로 반쯤 투명해진 종이와 함께 뭉개져 있었다.

연민으로 가득한 토마시의 사랑, 영혼을 꿈꾸는 테레자의 사랑, 자유로운 영혼 사비나의 사랑, 삶의 드라마를 꿈꾼 프란츠의 사랑. 밀란 쿤데라의 소설 《참을 수 없는 존재의 가벼움》 속 네 사람의 사랑 방식은 당시 내가 지녔던 심상을 투영한다. 때때로 나는 테레자처럼 영혼이 깃든 진정한 사랑을 원했고, 사비나처럼 누군가의 진심 따위는 무시하며 태연한 척 스스로 생채기를 남기기도 했다. 또 언젠가는 토마시의 나쁜 면만을 빼다 박은 못난 남자에게 반해 이용만 당하고 마는 비참한 외사랑으로 쭈글쭈글 시들어갔다. 프란츠의 안정과 헌신을 추구하는 지나치게 진지한 사랑에는 심드렁, 호르몬조차 반응하지 않았기에 위험하고 격렬한 감정만 좇던 때도 있었다. 나의 삶은 아직 진행형이므로 또 누군가를 만나 어떤 형태의 사랑을 하게 될지 알 수 없다. 하지만 지난 사랑보다는 더 많이 평온하고 성숙하기를 바란다.

한동안 별다른 이유도 없이 소원해진 오랜 우정을 다시 만난 느낌이었다. 처음 이 책을 들고 비행기에 올랐던 그날로부터 지금까지 흘러간 몇 년이 그저 찰나였다. 지금의 감동처럼 이 책들을 우연히 들춰냈을 때의 반가움과 급작스레 소환된 아련한 추억은 앞으로도 변함없이 나를 위로해줄 것만 같다. 여행이란 역시 좋은 것이다. 무언가를 기록하는 일 역시 좋은 것이다. 지금껏 살아오며 가장 잘한 일, 여행……. 유일하다시피 한 자랑스러운 과거가 저 책들에 묵묵히 봉인되어 있다. 바스락하며 손끝과 귓가로 울리는 종이의 촉감과 소리, 책장을 넘길 때 이는 작은 바람에 전해지는 눅눅한 먼지 냄새, 살포시 접어둔 페이지에서 발견한 문장들……. 이 오래된 종이책의 감각저 즐거움이 다소 불행했던 기억마저 의미 있는 추억으로 덮어주고 있다. 그리고 고단한 현재를 지나 불안한 미래에까지 행복을 기대하게 만든다.

나는 책을 장르별로 구분해 정리하지 않는다. 최고의 인테리어 소품은 책이라는 지극히 시각적인 관점에서 판형과 표지의 물성, 색감을 기준으로 느슨하게 분류해 꽂는다. 설령 언제 읽을지 알 수 없는 책일지라도 그저 가지고 있다는 사실만으로도 나를 충만하게 해주는 책들을 나는 빈티지 오브제처럼 탐닉한다. 1920년대 빈티지 독일 라디오 위에 재봉기를 올려놓고 책도 몇 권 늘어뜨리니 그새 고풍스러운 바이브마저 흐르는 것 같다. 떼어버린 재봉기도, 아무 소리 없는 라디오도 더 이상 작동되지 않지만 충분히 아름답다. 완제품이 아닌 부품이라도 괜찮다. 깨어진 걸 다시 얼기설기 붙였다 해도 상관없다. 내 내밀

오래된 집의 탐미

한, 아니 누군가의 정성이 담긴 물건이라면 온전하지 않더라도 그 살뜰한 쓸모를 새로이 만들어줄 수 있다. 사물 간의 고정된 역할과 완전·불완전의 경계를 지우는 디자인 작법으로 이 방의 모든 빈티지 가구와 소품이 책을 위한 서가로 탈바꿈한다.

타국의 문화에 관심이 많아 여행을 떠나기 전에는 철칙처럼 그 나라의 역사를 먼저 공부하는데, 재미있게도 벼룩시장에 가면 그 역사와 맞닿아 있는 것들이 보이곤 한다. 머무는 여행지마다 의식처럼 들르던 벼룩시장에 수북이 쌓인 물건들을 바라보고 있으면 거기 깃든 수많은 무명인의 삶과 축적된 시간의 의미가 어렴풋이 전해지는 듯했다. 말로는 형언할 수 없는 모호한 감정. 폐허가 된 유적지가 건네는 허무의 무드와 비슷한 소회이지 않았을까. 그 물건의 실제 쓰임새가 무엇이었는지, 어떤 사람들의 손길을 거쳐왔는지, 또 어떤 햇살과 바람이 스쳤는지는 모르지만 혼자 상상에 빠지곤 한다. 전기가 없던 그 옛날 저 촛대에 불을 밝히고 어두운 복도를 걸어가는 모습과 은쟁반 위로 수북이 담겼을 풍요로운 음식에 대해서.

브뤼셀의 벼룩시장에서 발견한 오렌지빛 호박 촛대를 은세척제로 박박 문질러 잃어버린 광택을 내준다. 베를린에서부터 꽁꽁 싸매어 들고 온 은식기와 5구 촛대를 예전처럼 서재 장식장 위에 올려놓는다. 암스테르담 노상에서 단돈 10유로에 구매한 델프트 도자기풍 1구 촛대는 금속 일색의 차가운 오브제에 수공의 온기를 보태주며 나를 흐뭇하게 한다. 시대도 장소도 모두 다른 오브제들 사이 군데군데 미술관에서 가져온 화집과 작품 엽서들, 그리고 세계의 풍토를 담은 작은 문고판 시리즈와 잡지 풍의 서적으로 단조로운 진열 방식에 예술적 흔적을 남겨준다.

아마도 내게 가장 효율적이고 가성비 좋은 빈티지 소품 하나를 꼽으라면 조금의 망설임 없이 촛대를 선택할 거다. 보고 싶은 사람을 초대할 때면 이 촛대들 위로 색색의 양초를 꽂고 초를 켜왔다. 초를 켠다는 건 누군가를 환영한다는 소박한 내 마음의 표현이었다. 또한 일렁이는 촛불에 의지해 읽어 내려가는 한 자 한 자는, 바스러질 듯 메마른 마음에 복원해야 할 낭만의 과제처럼 느껴지기도 한다. 어쩌면 퇴색하고 낡은 물건이 품은 쓸쓸함과 고루함이 전해질 수도 있지만 숨겨진 물건의 비밀스러운 과거 위에 내 현재의 은밀한 상상이 올려지고 나의 서재라는 새로운 장소에서 미래의 또 다른 이야기가 만들어지는 것. 그렇게 과거와 현재, 미래를 넘나들며 내 삶의 일부가 되어가는 것. 이것이 내가 생각하는 빈티지의 매력이다. 아마도 초월……. 시간의 초월, 공간의 초월, 의미의 초월. 그래 '초월'이다!

다른 시공간으로부터 흘러온 작고 사소한 사물들 하나하나가 나의 서재. 고전적이고 낭만적인 공간 속 어딘가 이질적이고 폐쇄적인 시간이 흐르는 나의 서재. 이 서재를 상상해보면 거기엔 언제나 프랑스 낭만주의 화가 들라크루아가 중첩된다. 19세기 낭만주의 예술가들은 공간적으로는 이국의 풍경과 문화에 열광했고 시간적으로는 과거에 천착했다. 그래서일까. 들라크루아의 화폭 속 오리엔트의 관능적이고 격정적인 색채는 나에게 익숙한 이곳이 아닌 그 어딘가 '다른 곳l'ailleurs'을 더욱 그리워하게 만든다.

들라크루아는 이 작품의 주제를 고대 아시리아 왕의 최후

오래된 집의 탐미

외젠 들라크루아Eugène Delacroix,
〈사르다나팔루스의 죽음The Death of Sardanapalus〉
1827년, 캔버스에 오일, 392×496cm, 파리 루브르 박물관 소장를 다룬 영국 낭만주의 시인 바이런 경의 희곡 〈사르다나팔루스〉에서 가져왔다. 자신의 궁전이 적들에게 포위된 것을 알게 된 왕은 항복이라는 굴욕 대신 자살을 선택한다. 그러나 그에 앞서, 하렘의 애첩과 충직한 시종들, 총애하던 애마와 개, 그리고 보물까지, 지금껏 그에게 기쁨과 쾌락을 주었던 모든 것을 파괴하라는 명령을 내린다. 비명이 낭자하는 카오스 속에서 왕만이 마지막 파멸의 순간을 무표정한 침묵으로 관조한다. 그는 종말을 마치 하나의 장엄한 연극처럼 연출하며 그 장면 안에서마저 절대적인 권위와 초연한 태도로 극도의 허무를 드러낸다.

역동적인 대각선 구도, 어지럽게 나뒹구는 인물 배치, 화면 전체에 피처럼 흐르는 붉은 색채, 공포와 격정이 뒤섞인 표정, 근육이 살아 꿈틀대는 신체, 진주빛으로 빛나는 육감적인 누드까지. 이국을 향한 들라크루아의 폭발적인 상상력은 이 작품에서 극한의 폭력과 관능으로 집약된다. 이러한 요소로 인해 〈사르다나팔루스의 죽음〉은 낭만주의 미학을 가장 완벽하게 구현한 작품으로 평가받는다.

낭만주의 화파들에게 문학은 상상력의 원천이자 주제의 출처였다. 셰익스피어, 바이런, 괴테의 문학에서 제재를 얻은 그들은 서사적이고도 서정적인 파토스의 세계를 즐겨 그렸다. 물론 들라크루아는 누구보다도 문학적인 화가였다. 문학작품의 철학적이고 상징적인 텍스트를 시각적 언어로 변환하여 강렬하고 생생한 이미지를 창조해내는 데 탁월했다. 불멸의 예술작품에 밑그림처럼 숨어 있는 이런 문학의 흔적은 그가 화가 그 이상의 존재, 낭만주의 시대의 사상가이자 예술적 대변자였음을 환기해주는 은밀한 단서다.

이해는 잘 되지 않아도 느낄 수 있고 또 어쩔 수 없이 매혹되어버리는 들라크루아만의 멜랑콜리한 언어는 오로지 아름다움만이 아닌 자기파괴적이고 비극적이며, 때로는 인간 존재의 추한 면까지 드러낸다. 그래서 더욱 거부할 수 없는 추종을 하게 되는지도. 지난 이국의 여행길에서 모아온 추억의 산물로 가득 채운 서재. 들라크루아의 화풍만큼 장식적이고 병적인 환상이 스며든 이곳은 나에게도 다른 세계에 대한 짙은 환상을 한곳에 모아놓은 가장 낭만적인 공간이 된다.

PART 3

✳

새로운 여행

✳

EXOTIQUE HOUSE

기대와 권태 사이

"현실을 이상화할 때,
우리는 예술적인 환상에 희생당한다."

— 헨리 푸젤리

뭐랄까. 관능적이면서도 에로틱하고 퇴폐적인 동시에 낭만적인, 그리고 무엇보다 탐미적인 형形과 색色의 세기말 미학美學. 때때로 포스터 속 팜므파탈들은 타나토스의 충동을 내뿜으며 오로지 미美에만 집착한 세기말적 환상을 펼쳐낸다. 음울한 정서의 퇴폐미. 기묘하게, 때로는 적나라하게, 그러나 매혹적으로 표출된 퇴폐미는 온갖 에로티시즘의 기호를 함의한 채 내 상상력을 사로잡는다. 나는 이 모순적인 퇴폐미를 좋아한다.

브뤼셀의 세기말 미술관과 베를린의 브뤼케 미술관, 빈의 레오폴트 미술관, 뮌헨 노이에 피나코테크를 비롯한 19세기부터 20세기 예술작품의 정수를 감상할 수 있는 유럽의 유수 미술관에서 가져온 전시 포스터와 작품 화집을 쉼 없이 펼쳐낸다. 현관문을 열고 들어서는 순간부터 마력 같은 눈빛을 한 여인들의 나신을 피할 방법은 없다. 나중에 안 사실이지만, 이 화폭들로 완성된 나의 집 인테리어는 상업 공간으로는 더없이 좋은 반면 연애나 결혼 같은 개인적 행복을 위해서는 피해야 할 풍수라고 한다. 남녀가 함께 있는 화목한 이미지도, 푸릇한 생명력을 품은 살아 있는 식물도 전혀 없기 때문이다.

뜻밖의 어이없는 낭패였다. 달콤한 표상 위에서 한껏 음탕한 연애도 해보고 싶고, 나란히 품위 있게 나이 들어갈 소울메이트와 느지막하게나마 결혼도 하고 싶은데 어떡하지. 늘 통찰력 깊은 말씀을 해주시던 선생님 한 분이 이곳은 작업실로만 쓰고 잠잘 곳은 따로 구하는 게 어떻겠냐는 조언을 건넸다. 머리로는 이해가 되는데 마음이 좀처럼 움직이지 않는다. 나는 이 집에서 잠들고 이 집에서 아침을 맞고 싶다. 그러려고 여기까지 왔는데…….

그렇다면 저 팜므파탈들을 모조리 걷어내고 연애 풍수에 좋다는 핑크색으로 여기저기 보완을 해볼까? 하지만 시험 삼아 내 머리맡에 둔 로즈쿼츠는 애정을 위해 돌덩이 이상의 어떤 마법도 발휘하지 못하고 있다. 고요하게 말라버린 드라이 플라워 대신 관엽식물(그나마 키우기 쉬우니까)로 트로피컬 정글 무드라도 조성해볼까? 하지만 식물들은 내 정성에 배덕하게 고작 한두 달 버티다 앙상한 가지만 남길 뿐이다. 결국 이런 고민보다 내가 좋아하는 예술적 형상과 이미지를 가까이 두고 정서적으로 풍요롭게 사는 것이 현명한 태도일지 모른다. 청명한 가을 하늘을 보고 "날씨 너무 좋아. 하늘이 너무 예쁘다"라고 하는 대신 "오늘 하늘은 청금석을 갈아 만든 페르메이르의 울트라 마린 푸른색이네. 몽글한 구름이 〈델프트 풍경〉을 보는

오래된 집의 탐미

것 같아"라고 말하고 싶을 만큼 예술은 어느덧 내 삶과 일의 근간이 된 지 오래다.

연극영화학을 전공하며 연극 무대 장식과 영화의 미장센에 매료되어 미술감독을 꿈꾸었다. 방송국, 광고회사, 영화제작사 등 유관 업계의 문을 애타게 두드렸지만 모두 열정 페이보다 더한 열정만을 요구할 뿐이었다. 경제적 독립이 절실했던 나는 몇 년 동안 현장에 투자하며 공부하듯 경험을 쌓을 여건은 되지 못했다. 세상물정에 어두운 사회 초년생인 내가 현실의 벽에 갇혀 가장 대책 없이 방황하던 시절이었다.

그러던 중 우연히 백화점과 쇼핑몰 같은 대형 상업 공간에서 콘셉트 스타일링과 이벤트 데코레이션을 시작하게 되었다. 일반적인 인테리어나 VMD와 달리 계절이나 시의성 있는 문화 · 예술 테마를 기반으로 공간을 기획하고 연출하는 작업이었다. 그 과정에서 자연스럽게 내가 좋아하는 여행과 맞물려 이국의 문화와 예술에 대한 관심은 증폭되었다. 다행히 큰 맥락에서 이 일은 한 편의 연극 무대나 영화 미장센을 연출하는 작업과도 닮아 있었다. 이후 VIP 파티 스타일링, 테마 공간 조성, 팝업 스토어, 브랜드 쇼룸 기획 연출, 주택 인테리어와 리모델링에 이르기까지 '공간'이라는 화두에 '예술'이라는 키워드를 덧대어 조금씩 다른 해석과 방식으로 작업을 확장해왔다.

돌아보면 십 대 시절 나는 역사와 문명을 다루는 다큐멘터리 PD가 되고 싶었다. 과거 실크로드를 따라 휘황했던 대상의 행렬 뒤로 공허한 사막의 일몰을 바라볼 때면, 바라나시 강가에서 시신을 화장하고 온갖 힌두신을 향해 성스러운 뿌자 의식을 올리는 영상을 볼 때면 어느새 스르르 넋을 놓았다. 심장이

뛰었다. 인간의 삶과 죽음, 역사의 흐름과 자연의 순환을 심오하게 담아낸 다큐멘터리를 보며 감동을 얻는 객체가 아닌, 내 손으로 그걸 직접 만들어내는 주체이길 원했다. 시대를 초월한 풍경 속에서 무상한 존재의 의미를 탐구하고 문명이 남긴 찬란한 흔적과 그 뒤에 드리운 쇠락의 그림자를 영상으로 직조해내는 다큐멘터리를.

하지만 이런 거창한 결의는 처참한 수능 성적 앞에서 맥없이 무너졌다. 결국 원하는 학교와 학과에 진학할 수 없게 되자 진지한 고민 끝에 연극영화학과 진학이라는 다소 뜬금없는 의외의 묘수를 두게 되었다. 기왕 이렇게 된 이상 예술적인 영상 언어를 공부해보는 것도 괜찮지 않을까 싶은 합리적인 타협을 가장한 이상한 결론이었다.

연극 영화를 공부한 것이 내 작업의 정체성에 어떤 의미를 가질까? 가끔 예기치 않게 흘러온 내 삶의 궤적을 돌아볼 때마다 스스로 이 질문을 던지곤 한다. 비전공자로서 꾸준히 성장하며 공간 디자인 작업을 할 수 있던 동력은 나만의 고유한 스타일과 예리한 미감, 그리고 무엇보다 공간에 색다른 내러티브를 덧입히는 상상력 덕분이라고 생각한다. 이를 배경으로 민감하게 트렌드를 좇기보다 내면의 심미안과 예술적 철학에 기반해 나만의 독창적인 빈티지 스타일을 발전시켜왔다. 그 중심에는 연극과 영화라는 극예술을 통해 얻은 감각과 기술이 자리한다. 서사를 구성하는 작법, 장면의 분위기와 리듬을 설계하는 연출 미학, 인물과 공간과 감정을 유기적으로 연결하며 스토리를 시각적으로 풀어내는 방식이 내 작업의 본질에 깊숙이 내재되어 있다. 한때는 디자인을 전공하지 못했다는 열등감과 자격

오래된 집의 탐미

지심에 잔뜩 주눅 들기도 했지만 이제는 연극영화학을 공부한 경험이 나만의 창작 영역을 구축해낸 핵심 원천이었다는 걸 인정한다. 결핍은 어느덧 자부심이 된다.

영상을 향한 예술, 공간을 향한 예술을 지나, 이제 내 삶의 예술은 미술로 향하고 있다. 나에게 미술이란 동시대적인 현대미술보다는 과거 한 시대와 문화를 고스란히 담아낸 미술사에 근간한 작품을 의미하는 편이다. 아마도 내가 역사를 좋아하기 때문일 것이다. 세상의 역사, 사물의 역사, 나의 역사. 역사라는 단어에 담긴 시간과 공간의 초월성, 그 안을 메웠던 사람들의 삶과 문화는 나를 설레게 한다. 미술은 정치, 사회, 문화, 종교, 인문, 철학, 게다가 향락까지 당대의 시대상을 고스란히 담은 거울이자 현재 우리가 직접 볼 수 있는 거의 유일한 과거의 형상이기도 하다.

지금 활동 중인 작가의 작품 한 점을 소장하는 것 대신 역사 속 위대한 거장의 마스터피스 한 점을 더 보고 싶다. 어떨 때 그게 여행을 떠나는 단초가 되기도 한다. 몇 년 전 떠난 유럽 예술 기행도 오스트리아 상징주의 화가 프란츠 폰 슈투크의 작품 〈죄〉를 내 눈으로 직접 대면하고 싶다는 단순한 욕망이 발단이었다.

한 달 동안 매일 미술관만 찾아다녔다. 일주일 내내 같은 공간에 머무르기도 하고 때론 온종일 여러 전시를 탐방하기도 했다. 그동안 도판으로만 보아왔던 예술작품을 직접 마주했을 때의 감동을 과연 내 빈약한 언어로 설명할 수 있을까. 작품의 크기, 색채, 반짝이는 빛의 깊이, 두툼한 붓자국이 만들어낸 질감, 무엇보다 그 미묘하고도 거대한 아우라. 모두 내가 알던 작품이 아니었다. 내가 안다고 생각해온 이미지는 모조리 가짜였다. 미술관 홈페이지에서 VR로 아무리 세밀하게 원작을 감상한다 해도 실제로는 별다른 효용이 없다. 오감으로 작품 앞에서지 않는 한, 다른 형태의 감상이란 절대 불가능한 행위에 지나지 않는다. 그렇게 나는 미적 쾌감에 점점 중독되어갔다.

비록 예술가는 못 될지라도 이 모든 예술을 향유하며 살아야겠다고 결심했다. 그 감흥을 오래도록 기억하기 위해 미술 포스터와 엽서를 집 안 곳곳에 데코레이션하고 있다. 가끔은 의외의 장소에서 내가 좋아하는 작품이 튀어나올 수 있게끔 화장실 양변기 옆에도, 현관 테라코타 화기 안에도, 보기 싫은 벽 콘센트 앞에도. 이 집의 넘치는 빈티지 오브제 미감 위로 위대한 예술가들의 지적 고뇌와 창조력도 함께 중첩될 수 있기를 빌어본다.

드디어 기본적인 정리는 어느 정도 끝나가지만 날아갈 듯 홀가분한 기분까지는 아니었다. 오히려 텅 빈 듯 허전했다. 꽤 괜찮아 보이다가도 또 어떨 땐 대단히 고루한 인테리어 같았다. 내 삶에 별다른 일도 일어나지 않았다. 나는 도대체 뭘 기대한 걸까? 이 집을 통해 뭔가 대단한 일이라도 벌어질 줄 알았을까?

작업실과 생활 공간을 한곳에 녹여내겠다는 욕심, 사적인 삶과 공적인 삶을 동시에 영위하겠다는 욕심, 내 과거와 현재, 심지어 미래까지도 이 안에 함축시키겠다는 욕심. 그 욕심들로 끝내 '완벽'이라는 강박에 갇히고만 나의 집. 자신다운 공간을 만들기 위해서는 멈추는 때를 알아야만 한다. 불완전의 미가 없으면 공허하다. 피상적인 형태의 아름다움만 있을 뿐 해석의

오래된 집의 탐미

여지를 남겨놓지 않아서겠지. 그러니 일단 여기까지, 여기까지만 하자.

이제 남은 공정은 방수였다.

"아무래도 방수는 저희 공정에서 제외해야 할 것 같습니다. 타일과 페인트 시공이 애초 견적을 크게 초과한 데다, 그렇다고 대표님께 추가 비용을 청구하기도 좀 곤란한 입장이에요. 아시다시피 방수는 미장과 함께 작업하려고 최소한의 예산만 책정해두었는데 예상치 못한 비로 별도 시공을 하면서 비용이 크게 증가했습니다. 이대로 진행하면 저희 측 손실이 너무 커질 수밖에 없어 부득이 방수를 공정에서 제외해주시길 부탁드려요. 대신 방수 업체를 대표님께 직접 연결해드리겠습니다. 이렇게 하면 중간 비용이 줄어들어 부담을 덜 수 있을 겁니다. 이 방식이 대표님께 더 효율적일 거라 생각합니다."

나는 이 결정의 순간을 두고두고 돌이키고 싶어 했다. 추가 비용을 감수하고서라도 시공사에 방수를 맡겼더라면 끝끝내 후회 없을 선택이 되었을 텐데. 본심을 좀처럼 드러내지 않는 신중함과 단정한 친절로 넘치지도 모자라지도 않은 파트너십을 보여준 시공사 대표님이 아니었다면 이 집의 리모델링을 지금처럼 내가 원하는 방향으로 끌고 오지 못했을 거다. 매번 비슷한 인테리어를 자기복제하는 무색무취의 업자도, 장인정신에 매몰되어 융통성이라고는 도통 찾아볼 수 없는 기술자도, 부족한 실력에 의욕만 앞서는 신인 디자이너도 아닌 내게 딱! 필요했던 완벽한 협업 파트너. 연속된 불운 끝에 극적으로 이어진 행운이었다.

시공사 대표님은 언제나 이야기했다. 좋은 마무리를 하고 싶다고. 나는 그걸 '아름다운 마무리'라고 불렀다. 그것만이 지난 리모델링 과정의 수치스러운 고통까지 아름답게 귀결할 유일한 길처럼 느껴졌다. 그런데 이런 갑작스러운 제안이라니.

"알겠어요. 어쩔 수 없죠. 대표님 입장도 이해합니다."

멈추지 않는 비 때문에 결국 9월 하순까지도 지붕 방수를 하지 못한 채 매일 방수, 방수, 방수, 방수는 언제 하냐는 질문만 해댈 때였다. 지난 장마 때 다락방 모서리에서 발견된 누수는 여전했다. 혹시 다른 곳도 새는 건 아닐까? 비라도 내리는 날이면 불안한 눈초리로 구석구석 샅샅이 째려보는 또 하나의 강박을 가지게 된 것도 이때부터였다. 다행히 아무런 흔적도 발견하지 못하면 그제야 안도하고 평정심을 되찾았다. 그러다 불현듯, 이번에 새지 않았다고 해서 다음번에도 그러리라는 보장은 없다는 사실을 인식하고 다시 불안감에 안절부절못하는 과정까지. 뫼비우스의 띠는 쉼 없이 반복되었다.

"이렇게는 더 못 살겠어!"

결국 방수 업체가 제시한 어마어마한 견적을 울며 겨자 먹기로 수락했건만 정작 시공 일정 잡기도 쉽지 않았다. 여름 장마로 한껏 지연된 방수를 이제는 눈 내리기 전까지 끝내야 한다며 재촉하고 있는 상황이라니……. 설상가상으로 내가 클라이언트를 모시는 건지 당최 이해할 수 없는 상황이 이어졌다. 무성의한 작업과 뚱한 태도로 무장한 방수 업체에 비용은 다 지불하면서 비굴하게 비위까지 맞춰야 했다. 도장재를 개발새 발 발라놓고 기왓장마저 깨뜨리며 속을 썩이던 끔찍한 방수 업체는 이 리모델링 공사 최악의 골칫거리로 등극하더니 급기야 내 꿈마저 지배하기 시작했다.

오래된 집의 탐미

뚝, 뚝, 물방울이다. 천장에서 물이 몇 방울 뚝뚝 떨어지는가 싶더니 순식간에 집 안 모든 것이 얼룩으로 잠긴다. 통제할 수 없는 바람이 불듯 홍수가 인다. 태풍처럼 물폭풍이 휘몰아친다. 어떻게든 막아야 한다. 방수포로 지붕을 덮고 양동이를 쉴 새 없이 받쳐가며 필사적으로 대응해보지만 역부족이다. 물이 할퀴고 간 자리에는 쓸모없는 쓰레기로 변해버린 물건만이 나뒹군다. 안 돼!! 이건 꿈이야, 꿈이라고! 꿈이…… 아니야???

그렇게 간절히 꿈이길 바란 후엔, 정말로 꿈에서 깨어 잠결에서조차 꿈이라서 감사하다는 말을 읊조리다 다시 잠들곤 했다. 침묵의 비명처럼 외로운 잠이었다. 내 지난밤, 기분 나쁜 끔찍한 재난에 지배당한 꿈에서 완전히 깨고 나면 헨리 푸젤리의 〈악몽〉이 떠올랐다. 비록 지금 내 곁에는 푸젤리의 에로틱한 관능은 온데간데없고 흉측한 괴물만 남겨진 느낌이더라도, 누구나 내면에 네거티브를 안고 살아간다는 보편성은 묘하게 위안이 되어주었다.

마치 악몽에 사로잡혀 의식을 잃은 듯 하얀 드레스를 입고 침대 위에 축 늘어진 여인. 그녀의 가슴 위에는 몽마夢魔, incubus가 웅크리고 앉아 정면을 빤히 응시하고 있다. 이 작은 악령은 잠재된 불안과 고통을 상징하며 중세 유럽에서 악몽의 원인으로 여겨지던 초자연적 존재다. 작품 속 몽마, 즉 인큐버스는 중세 전설에서 비롯되었지만 인간 내면의 심리를 탐구하는 낭만주의적 상상력이 더해져 있다. 특히 혼자 잠든 여인의 꿈속에 나타나 성적으로 접근한다는 불온한 전설. 나른하고 무방비한 여인의 자세와 악령의 교묘한 위치는 억눌린 성적 욕망과 심리적 공포를 은유적으로 드러낸다.

어둡고 음침한 색조의 배경 뒤로 커튼 틈에서 불쑥 튀어나온 말의 머리가 보인다. 이 괴이한 형상은 환상의 경계를 넘어오는 인상의 초현실적 시각 장치로 화면에 화자의 정신적 혼란과 공포를 극대화한다. 작품 제목 'The Nightmare'의 'mare'는 '밤에 나타난 암말'이라는 중의적 상징이며, 여기서는 단순히 암말을 의미할 뿐 아니라 '밤의 악령'을 뜻하기도 한다. 헨리 푸젤리는 이러한 언어유희를 통해 성적 판타지와 인간 내면의 불안을 작품 속에 강렬히 담아 훗날 프로이트가 심리학에서 탐구한 꿈과 무의식의 세계를 예술적으로 선취했다.

내겐 현실과 꿈, 의식과 무의식의 경계가 푸젤리의 작품처럼 무너지는 밤들이었다. 지붕 방수까지 마치고도 한동안 악몽은 계속됐다. 지난 시간의 피로와 불안했던 기억들이 잠든 나를 지배하며 끊임없이 괴롭혔다. 잠을 잔다는 행위는 어느덧 낮 동안 벌어진 일상의 연장이 되었다. 꿈속에서 나는 여전히 집을 고치고 있었고 때로는 더 먼 과거로 날아가기도 했다. 나르시시스트와 재회하기도, 인연이 끝난 옛 우정과 함께 예전처럼 방랑의 여행을 떠나기도 했다. 가끔은 팡팡이와 볕 좋은 가로수길을 산책했다. 그 꿈들은 과거 나를 행복하게 했던 보통의 날들, 오랜 세월에도 사그라들지 않고 지금껏 가슴 한편에 상흔을 새겨놓은 날들의 이야기였다. 그 날들이 이제는 완전히 나를 떠나기 위해 마지막 작별 인사를 건네는 듯했다. 더 이상 아파하지 말라고, 신경 쓰지도 말라고, 행복했던 기억만 남기라고. 상처받은 내 영혼을 그렇게 꿈으로나마 치유할 수 있다면…… 그걸로 되었다.

종종 반만 기억되는 짙은 악몽을 꾸며 철저하게 누수와 방

오래된 집의 탐미

헨리 푸젤리Henry Fuseli, 〈악몽The Nightmare〉
1781년, 캔버스에 오일, 101.6×126.7cm, 디트로이트 예술 대학 소장

수라는 틀에 갇히는 형벌을 받는 사이 가을은 이미 지나가고 있었다. 여전히 긴장감이 서려 있던 계절 가을도, 영원 같던 나쁜 꿈도 결국은 찰나였다. 청록색 양개 도어를 마주한 이 오래된 골목에도 어느덧 가을에서 겨울로 넘어가는 시기의 호젓함이 감돈다. 물기가 선명하던 초록빛 자연이 바스락거리며 붉은 관능의 음영감으로 하루하루 농밀해져갔다. 바람에도 시적인 낙엽 냄새가 실렸다.

방수의 저주에서 풀려난 후 이 동네에서의 안정된 첫 번째 가을을 기억하기 위해 종종 아차산 둘레길을 걸었다. 오름과 내림, 데크길과 나무의 굵은 뿌리가 만들어낸 흙바닥길이 단조로움 없이 굴곡을 띠며 나타났다. 산공기 탓에 코끝은 시렸지만 해는 은은하게 비치면서도 따뜻했다. 아차산에서 바라보는 서울의 진경이 이토록 아름다웠나. 계약 도장을 찍던 날로부터 정확히 1년이 지나고 있었다. 혹시 그동안 이곳이 나를 받아들일지 말지 고난의 테스트라도 했던 건 아닐까. 이제야 잠시 머물 곳이 아닌 오래도록 공명할 곳으로 서울 동쪽 아차산 자락에 정을 붙이기 시작한다.

여기까지만 하자. 나를 품어주기 시작한 이 골목 안에서 공사 소음도 먼지도 당분간 잠재우고 그간의 고단했던 몸을 잠시 누이자. 그래, 일단 여기까지. 여기까지만 하자.

오래된 집의 탐미

그림 같은 일상

"인생에서 원하는 것을 얻기 위한
첫 번째 단계는
내가 무엇을 원하는지 결정하는 것이다."
— 폴 세잔

잔뜩 찌푸린 11월 말, 대기에는 우수수 떨어지는 늦가을의 허무조차 담지 못한 애절한 기류가 흘러 다녔다. 단지 어제까지는 늦가을이었고 오늘부터 초겨울이라고 선 그을 수 있는 근거는 없지만 내 몸과 마음이 "이 순간부터는 겨울이야"라며 선언하고 있었다. 언제 첫 진단을 받은 건지 기억조차 가물가물한 만성비염도 여지없다.

문득, 내 아련하고 아득한 노스탤지어는 대부분 여름보다는 겨울에 있었다는 사실이 떠올랐다. 이맘때면 늘 백화점 크리스마스 공간 연출로 바빴다. 하얀 눈이 소복하게 쌓인 빨간 지붕의 산타 하우스와 투명한 눈 모티프 오너먼트가 경쾌하게 어우러진 거대한 크리스마스트리, 그리고 수천수만 개의 샴페인빛 노란 조명이 마법처럼 경이로운 동화 속 크리스마스 타운. 내가 디자인해온 서정적 겨울 풍경화의 한 장면이다.

매년 새로운 아이디어와 부족한 예산, 무엇보다 살벌한 추위와 긴 시간 사투를 벌여야 했던 1년 중 가장 고된 작업이었다. 그럼에도 사람들로 붐비는 백화점 안에서 이 공간만큼은 마치 현실의 시계가 멈춘 듯 각박한 겨울 일상을 진저 쿠키처럼 달콤한 연말의 추억으로 물들이는 작은 축제가 되어주곤 했다. 이 일은 내게 공간이 사람들의 감정에 어떻게 유의미하게 스며들 수 있는지 가르쳐주었고, 상업 공간이라는 경계를 넘어 조형 예술로 공간을 대하는 태도를 정립하게 해주었다.

내 지난 인연들도 하얀 눈발과 하얀 입김 속 겨울의 시린 단상에 채 녹지 못한 응달의 눈처럼 여전히 남아 있다. 겨울은 언제나 나를 일하게 했고 동시에 사랑을 꿈꾸게 했다. 그래서일까? 유난히 조금은 더 설레고 싶고 그 말캉해진 감성 때문인지 당장이라도 로맨틱한 사건이 벌어질 것만 같아 두 볼마저 발그레 달뜨게 된 건? 내내 듣던 가을 재즈 대신 별 고민 없이 클래식을 튼다. 작년 겨울도, 재작년 겨울도, 분명 10년 전의 겨울도 똑같이 시작되었음을(심지어 모든 계절이 그랬다는 걸) 망각한 채 이처럼 경이로운 겨울의 시작은 처음이라는 듯 어린 아이처럼 감탄하며 내 새로운 집에서의 첫 겨울을 맞는다.

아차산 자락 오래된 단독주택에서의 첫 계절 겨울은 웅크렸던 몸집을 서서히 일으키며 포효를 준비하고 있었다. 갑자기 발밑에서도 시린 바람이 분다. 마치 계절풍처럼 차고 건조한 기운이 온 집 안을 흘러 다닌다. 북극해의 대기가 몰려와 이 나라를 냉동고로 만들었다는 뉴스로 난리였다. 기록적인 한파라며 연일 지구의 이상 기후를 걱정했다. 도시가스비마저 대폭

인상되면서 지구온난화보다 더 무섭도록 나를 떨게 만든다. 유난히 사나운 추위이긴 하네. 급기야 환기하려고 잠시 열어둔 폴딩 도어에 얼음마저 얼었다.

"괜찮아요. 폴딩 도어를 달겠어요"라고 말했다. 그리고 잠시 후 의심이 들었다. 진짜 많이 추울까? 흠……, 폴딩 도어를 설치하면 꽤 추울 수도 있겠어. 그래도 명색이 단열 폴딩 도어인데 설마……! 대부분의 사람이 극구 반대했던 폴딩 도어. 폴딩 도어에 대한 나의 고집은 전면 유리 마감을 통해 햇빛이, 전체가 열리는 구조로 바람이 고요하고도 격렬히 쌓이는 거실이 되길 바라는 마음에서 시작되었다. 하늘로 열린 중정처럼 매일 자연의 체취가 달라지며 계절이 흐르는 것을 눈으로 느껴보고 싶었다. 어쩌면 미美를 모든 것의 기준점으로 삼겠다는 건 나의 객기에 지나지 않을지도 모른다. 그로 인해 수반되는 생활 속 불편함이 얼마나 클지, 아무리 철저히 단열을 했다 해도 이 오래된 단독주택에서의 겨울이 얼마나 추울지는 고려 대상이 아니었다. 그러나 세상의 모든 현상에는 명암이 있는 법. 폴딩 도어로 인해 겨울 추위를 조금 더 얻을지언정 나머지 계절 동안 누릴 낭만을 어찌 거부할 수 있을까. 따지고 보면 박공지붕 아래 높은 천장고도, 빈티지 메인 도어도 경제적 효율만 따지자면 냉난방비 잡아먹는 호사스러운 사치일 수밖에 없다.

월동 준비를 하며 다이소 방한 용품 코너를 뻔질나게 드나들었다. 단독주택에는 겨울을 '잘' 나기 위한 월동 준비가 필요했다. 이 또한 생소하긴 마찬가지였지만 내가 정말 다른 삶을 시작했구나 싶은 묘한 설렘도 일었다. 그놈의 북유럽풍 디자인이라는 깔끔한 화이트 오방난로도 하나 마련하고 동네 시장을 지나다 생전 사본 적 없는 노오란 수면양말과 폭신한 올리브색 플리스 바지도 마련했다. 이쯤이면 되었으려나?

모든 게 얼어붙은 오래된 골목 안에서 겨울잠을 시작하기로 했다. 지긋지긋한 공사를 잠시 멈추고 내가 좋아하는 것들로만 채워진 곳에 깊숙이 파묻혀 다음 숨을 위해 겨울의 창백한 대기 속으로 서서히 침잠해간다.

침잠. 다락방만큼 이 단어의 뉘앙스와 잘 어울리는 장소가 또 있을까. 다락방은 공간적으로 닫힌 고립된 세계이면서, 그 안에서 사색하거나 명상에 깊이 침잠하는 모습이 자연스레 그려진다. 매일 아침 낮은 경사 지붕 바로 아래 동굴 같은 다락방에서 눈을 뜬다.

얼마 전 가구 레이아웃을 변경하면서 커다란 침대를 버리고 과감히 다락방으로 올라왔다. 외부의 빛과 소음에서 벗어나 내면의 동굴로 향하듯 이 은밀한 곳에서 깊고 긴 단잠에 빠질 수 있는 고요한 밤의 시간을 만들었다. 그동안 더 나은 쓸모를 고민하며 팬트리처럼 두루마리 휴지나 세제를 던져두었을 뿐 침실로 만들 생각은 감히 하지 못했다. 없던 폐소공포증이 생길 것도 같았고, 하필 집에서 가장 못난 장소에 둔 잠자리가 마치 스스로에 대한 학대처럼 보였다. 내가 무슨 중세 하녀도 아니고 다락방 침실이라니! 나를 이리 구박하는 건 어쩐지 내 삶까지 리모델링하겠다고 덤벼든 인생 프로젝트에 역행하는 느낌마저 들었다.

하지만 막상 침실로 꾸며놓으니 은밀하고 안온하기만 하다. 추운 겨울이라 더 그런지도 모르지만 일단 이 겨울은 나보자고! 드디어 애매한 형태로 존재 이유와 효용가치를 제대로

갖지 못했던 다락방이 제 역할을 찾았다. 겨울비라도 내리는 아침이면 후둑후둑 지붕 위로 떨어지는 빗소리에 유년 시절 동생들과 쟁탈전을 벌이던 할머니 집 다락방도, 파리에서 묵었던 다락방 호텔도 소환되어 그리움으로 하루를 시작하곤 했다. 가끔 머리가 천장에 부딪히긴 해도 뭐 크게 아픈 것도 아니고, 이 또한 다락방이라는 나지막한 공간이 줄 수 있는 재미이기도 하니까. 내 작은 키가 유독 이 집에서만큼은 더없이 유용하다. 이건 뭐, 위풍당당 소인국 여왕이라도 된 기분이잖아! 구석구석 어디 하나 버려지는 곳이 없도록 살뜰한 활용으로 공간마다 촘촘히 이야기를 새겨 넣는다. 잠시도 지루할 틈 없이, 탐험이라도 하듯.

이제 온전히 잠을 깨고 다락방과 맞닿아 있는 복층으로 나온다. 유리 너머 펼쳐진 거실의 전경을 내려다보니 빈티지 가구와 소품들, 담황색 갈대와 우아하게 녹아드는 샹들리에까지 인공빛의 잔상으로 나른하게 깨어나며 회화적인 시퀀스를 만들어내고 있다. 마음에 쏙 든다. 정확하게는 단순히 "저 아치형 돔 드레서가 마음에 들어" 또는 "저 와인병 촛대가 마음에 들어"가 아닌, 지금 내 시야에 담긴 풍경 전체에 도취되어 "마음에 쏙 들어"하는 것이다. 한 치의 오차도 없이 내가 상상하던 그대로. 그저 보기만 해도 행복해지는 장면과 함께 하루를 시작하고 싶었다.

복층 계단을 내려오면서는 점점 더 기분이 좋아진다. 음악을 틀고 차를 우려내며 환기를 하는 일련의 동선마다 마주치는 이 집의 모든 풍경화와 정물화에 시선을 빼앗긴다. 이 시간대 주방에는 길게 뻗은 아침 태양이 짙은 음영을 지어내는데, 그

요하네스 페르메이르Johannes Vermeer, 〈우유를 따르는 하녀The Milkmaid〉
1660년경, 캔버스에 오일, 45.5×41cm, 암스테르담 국립미술관 소장

뽀얀 빛 속에 선명하게 두드러지는 블루 타일의 색감에 홀려 감정이 한껏 고조되곤 한다. 음……, 만약 내가 이 장면을 그림으로 그려낼 수 있다면 그건 아마도 빛으로 가득 찬 페르메이르의 실내 풍경과 닮아 있지 않을까?

고요하게 정지된 화폭 속, 조심스레 우유를 따르는 소리만 나지막이 흐른다. 왼쪽 창으로 스며든 부드럽고 은은한 빛은 맑고 차분한 북구의 새벽 대기를 연상시킨다. 이 빛은 부스러기가 흩어질 듯한 빵조각, 흙으로 구운 우유 항아리, 매끄러운 유약의 광택을 지닌 토기 주전자와 금속 냄비, 오래된 회벽에 남은 못 자국까지 고르게 감싸며 소박한 정물에 생기를 불어넣는다. 페르메이르는 빛이 물체의 표면에 닿아 반사되고 흡수되는 과정을 섬세히 관찰해 마치 물체 하나하나와 대화를 나누듯 친밀하게 표현해냈다. 오늘도 별 탈 없이 공간의 일상이 조용히 숨 쉬고 있음을 증언해주는 평온한 빛이다. 이런 다정한 실내 정경은 페르메이르를 17세기 평범하고 고요한 일상의 아름다움을 포착해낸 위대한 빛의 화가로 만들어주었다.

페르메이르 특유의 '빛의 연출'은 점묘법에 가까운 세밀한 붓놀림으로 그 존재감을 발한다. 정적인 손놀림을 따라 흘러내리는 뽀얀 우유, 단정히 걷어 올린 소매 위로 춤추는 것처럼 찍어놓은 밝은 빛의 입자는 화면에 생기를 불어넣으며 유난히 반짝이는 효과를 더한다. 귀한 청금석을 아낌없이 갈아 입힌 푸른 색채 위에도, 황색과 붉은색의 대비 위에도 빛은 자연스럽게 융합되어 일상적인 공간을 신비로움으로 물들였다.

아침마다 아차산을 넘어 우리 집 동쪽 주방으로 깊이 흘러든 태양의 첫 햇살을 느낀다는 건 새로운 삶에서 얻은 무척이나 감동적인 일상이었다. 이 사소한 장면은 비로소 내가 '나의 집'에서 제대로 살아가기 시작했다는 표식처럼 느껴졌다. 가장 평범한 일상을 다시 누리게 되었다는, 특별하고 거창한 즐거움 없이도 내 삶은 충분히 행복할 수 있다는 잔잔한 깨달음이, 집도 삶도 리모델링하겠던 억척스러운 과정에서 얻은 가장 큰 선물이 아니었을까? 페르메이르의 그림 같은 일상이다. 바야흐로 내 인생의 계절이 시작되고 있었다.

한겨울의 라흐마니노프

온통 하얗게 변해버린 설국의 아득한 배경 안으로 한 우산 아래 나란히 선 연인이 수줍게 걸어 들어온다. 갸름한 얼굴, 작은 입, 초승달처럼 날렵한 눈썹과 꿈꾸는 듯한 눈빛에는 시적이고 몽환적인 정서가 짙게 배어 있다. 품위 있는 단정한 옷차림을 하고 서로의 온기에 기대어 주고받는 손짓과 눈길. 설원 위로 발걸음을 내디딜 때마다 순백의 기모노와 검은 하카마 자락이 나막신 위에서 나긋이 흔들린다. 사위를 부드럽게 감싸는 은은한 배경의 색조는 마치 아침의 투명함, 오후의 온화함, 혹은 저물녘의 잔잔함을 모두 머금은 듯하다. 아니, 어쩌면 달빛 아래 이제 막 시작하는 연인의 설레는 산책일지도 모르겠다.

에도 시대의 대표적인 우키요에 화가인 하루노부는 당시 유행하던 춘화의 노골적인 에로티시즘에서 탈피해 일본 고전시 문학의 낭만적 정취와 감수성을 화폭에 되살려냈다. 그의 작품은 계절마다 변주되는 자연의 아름다움 속에 문학적인 이야기와 감정을 녹여 우아하고 서정적인 미학을 표현한 한 폭의 시였다.

우키요에는 일본 에도 시대 사람들의 일상생활이나 풍경, 풍물을 그려낸 그림이다. 그러나 일상의 광경을 실제와 가깝게 사실적으로 묘사하려 들지는 않았다. 현실의 원근법도 그림자도 없다. 화폭에 표현된 장면은 실제 상황이라기보다 덧없이 지나가는 '삶의 아름다운 순간'을 화가의 관념으로 그려낸 것이었기 때문이다. 벚꽃이 흐드러지게 핀 봄밤, 소나기가 막 쏟아지기 시작한 여름날, 추수의 풍요로움에 여유로운 가을, 눈 오는 소리를 들으며 집 안에 머무는 겨울……. 그림에 묘사된 한없이 평범해 보이는 모습은 사실 우리가 살고 있는 이 고단한 세상에서 가끔씩만 맞이하는 소중한 순간이다.

일상을 잠시 잃어보면 알 수 있다. 그것이 얼마나 소중한지를. 불과 몇 달 전까지의 리모델링 시간이 그랬다. 임시 거주처인 지층 원룸에서 생활하며 일체를 공사에 저당 잡힌 그때, 내가 간절히 원한 건 나의 집에서 먹고 자고 씻고 TV를 보고 책을 읽고 사람들을 초대하는 평범한 일상이었다. 삶의 가장 아름다운 순간은 결코 화려하게 빛나지 않았다. 내 작은 마당에 내린 눈처럼 잔잔히 반짝일 뿐.

이 집에 들인 모든 것은 내가 추종하는 보이지 않는 관념을 실재하는 감각으로 보여주려는 모순성을 지니고 있다. 때로는 직관으로 때로는 설명 없이는 도저히 알아차리기 힘든 함의로, 각각의 디자인마다 의미를 부여했다. 화기 하나라 해도 그 안에

오래된 집의 탐미

스즈키 하루노부Suzuki Harunobu,
〈눈 속을 걷는 연인들Lovers Walking in the Snow〉
18세기, 목판화, 28.6×20.6cm, 뉴욕 메트로폴리탄 미술관 소장

맥락과 서사, 더불어 거기 놓일 이유가 있어야 한다. 유형의 사물과 무형의 향기, 소리, 감촉까지 존재하는 모든 요소에 이유가 있어야 한다고 생각했다. 그냥 놓인 듯 보이는 어떤 것도 사실은 아주 작은 소우주만큼의 그럴듯한 신화를 품고 있다.

내가 원하는 공간의 가치란 그런 것이다. 단순히 예쁘다는 건 중요하지 않다. 나는 가볍고 피상적인 감각을 선호하지 않는다. 19세기 초 낭만주의 화가들이 문학에서 상상력과 작품의 모티프를 가져온 것처럼(우키요에도 마찬가지였다), 나의 이 공간도 언제나 이야기를 품고 문학적인 방식으로 표현해내고 싶었다. 내가 사랑하는 낭만주의, 상징주의, 초현실주의는 서로 다른 시대적 맥락을 연결한 하나의 계보다. 이성보다는 예술가의 주관적 경험과 내면 세계를 탐구하며 예술을 영적이고 철학적인 차원으로 끌어올렸다. 흐릿하게나마 그 계보의 연장선상에 놓이고픈 바람이었다.

청록색 양개 도어를 열고 집 안에 들어서면 투명한 중문 유리 너머 거실 전경이 여과 없이 전개된다. 정면 벽에는 이브 클랭의 〈사모트라케의 니케〉 포스터가 승리의 날개를 위용 있게 펼쳐내며 이 집의 인상을 단숨에 제압한다. 그 아래엔 빛바랜 녹색의 빈티지 나무 덧문이 비스듬히 기대어 있다. 원래는 외부 담벼락과 건물 사이 좁은 틈에 스윙 도어로 설치하려 했지만 묵직한 중량과 까다로운 설치 과정 탓에 결국 이곳에 두었다. 수작업으로 만들어진 인도네시아 원목 도어로 긴 세월 햇빛과 비바람에 고스란히 노출되며 자연스럽게 벗겨진 페인트와 패인 자국, 스크래치가 아무렇게나 남겨져 있는, 거칠기에 더 매력적인 오브제다. 무신경한 세월을 거치며 야속하게 부식

오래된 집의 탐미

되고 침식되어 형성된, 절대 인위적으로 가공해낼 수 없는 빈티지가 품은 세월감. 그것이 왠지 모를 자연스러움과 편안함을 건네준다. 또 너무 꾸며진 듯 보일 수 있는 이 집에 느슨함의 여유로 균형을 잡아주고 있는 듯도 했다. 내가 혼자서도 덜 외롭고 정서적으로 더 충만할 수 있는 건 이런 빈티지 오브제들이 전해주는 아날로그의 시정詩情 때문이다. 이제 다시 볼 수도, 맡을 수도, 만질 수도 없지만, 여전히 느낄 수밖에 없는 내 지나간 아름다운 날들에 대한 영원한 그리움이 지친 나를 건져 올린다.

세월. 1년이 넘는 긴 시간과 고된 노동, 게다가 억 단위의 대출금으로 내 인생 최고의 플렉스를 해가며 50년 된 구옥을 환골탈태시켰어도, 이 집에 놓인 희뿌연 빈티지 오브제들이 이토록 절묘하고 완벽히 어울리는 건 세월이라는 공통 키워드 덕분이다. 축적된 시간은 결코 사라지지 않고 어떻게든 흔적을 새겨놓는다. 아치형 곡선의 오크 나무 돔 드레서 옆에 놓인 원형 토분도 오랜 시간 여러 식물을 성장시키며 희끗희끗한 백화 현상을 단서로 남겼다. 백화 현상은 토분과 흙 속 석회질이 물을 타고 밖으로 스며 나와 표면에 흰 알갱이로 굳어진 것을 말한다. 별도의 유약 처리를 하지 않았기에 시간이 흐르며 지금처럼 고즈넉한 빈티지 컬러감이 연출되었다.

흙으로 구운 토분 안에는 말린 팜파스 잎을 꽂고 유려한 라인의 등나무 줄기를 길게 빼내 돔 드레서 위로 휘감아 올렸다. 투명한 샹들리에 아래 놓인 담황색 갈대와 말린 잎사귀의 그라스류는 계절적 한계를 넘어 그 어떤 꽃보다도 풍성한 질감을 만들어낸다. 빈티지 소품과 더불어 드라이플라워, 나뭇가지, 이

끼, 돌 같은 자연 소재를 군데군데 함께 배치하면 아무리 무미건조한 공간이라도 금세 자유분방한 보헤미안의 들판 같은 아늑한 힐링의 감도를 더할 수 있다. 비록 생화가 주는 생기와 향기는 느낄 수 없다 해도 그 대신 바삭바삭한 색채와 촉감이 피어오르기에 더 포근한 온기가 전해진다.

스타일링을 할 때 이처럼 실내에 실외의 요소를 두는 방식을 즐겨 활용한다. 내부/외부라는 물리적 경계를 최대한 흐릿하게 지우고 비대칭적인 자연의 무질서를 안으로 들인다. 그런 뒤 오브제와 자연이 따로 고립되지 않고 우연처럼 유기적으로 연결되도록 연출한다. 언뜻 가득 찬 것 같지만 전혀 복잡하지 않고 오히려 자유로워 보이는 것이 장점이다.

얼어붙은 겨울 속으로…… 자연이 흘러 들어온다. 쌓이는 눈, 아련한 밤, 그리고 훌쩍 지나간 1년이라는 흔적과의 마지막 대화. 여름을 가장 애정하지만 '겨울'이라는 단어를 좋아한다. 겨울, '겨'와 '울'의 음운이 부드럽게 이어지며 따뜻함과 쓸쓸함이 한 감정에 녹아든 단어. 발음 자체가 지닌 청각적 울림에서도 창백한 겨울 냄새가 난다. 눈에 보이지 않는 청각과 후각으로 관념을 담아내는 일에는 더 깊은 예술적 통찰과 고뇌가 요구되는 듯하다. '겨울'이라 나지막이 읊조릴 때 느껴지는 뉘앙스처럼 선율마다 감지되는 무언가가 내 시린 겨울 심장을 관통한다.

이 집에서의 첫 겨울, 높은 박공 천장 아래로 공사 소음 대신 라흐마니노프 선율이 흐른다. 공사 분진 대신 샌달우드 향이 퍼진다. 이 서늘함, 이 적막함, 겨울 대기의 느슨한 연대, 철저한 개인주의, 그 규칙적 공백 사이로 동토의 라흐마니노프가

오래된 집의 탐미

부유하고 있다. 클래식 음악이 이토록 고상하게 아름다웠던가.

사실 입주 후 내 청각은 극도로 예민해져 있었다. 시각이나 후각보다 다듬어지지 않았던 내 청각은 집의 아주 작은 소리에도 소스라치게 놀라며 그 근원을 찾는 데 집착하곤 했다. 이게 무슨 소리지? 혹시 집에 문제가 생겼나? 대부분 건물 자체에 대한 우려였다. 특히 밟으면 당장 으스러질 것 같은 낡아빠진 기와지붕이 내게 물리적, 정신적, 금전적 해를 끼치지 않을까 점점 더 노심초사하고 있었다. 소리가 난다는 건 사고가 시각으로 발현되기 전의 전조 증상일 경우가 많다. 그렇기에 마치 큰 지진이 나기 전 땅의 울림처럼 이 소리가 나에게 어떤 불행을 가져다주지는 않을까 항상 곤두섰던 것이다. 리모델링 기간 내내 한 가지 문제를 겨우 해결하고 돌아서면 생각지도 못한 또 다른 문제가 번호표라도 뽑은 듯 당당하게 나를 기절시켰다. 그 고역을 당분간만이라도 좋으니 제발 피하고픈 마음이랄까. 아무리 그래도 그렇지, 겨우 거머쥔 이런 평화로운 시절에도 슬그머니 불안을 불러들이다니. 평생 행복에 익숙해본 적 없는 사람처럼 어리석게.

자! 그럼에도 이토록 평온해도 되는 걸까 싶은 의심이 떠나지 않는다면 그 실체 없는 불행의 소리가 내 귀에 닿지 않게 음악을 울리면 된다. 침묵마저 스며들 틈이 없도록 끊임없이 소리를 흘리면 된다. 오늘 겨울 하루도 여지없이 공사 소음 대신 라흐마니노프가 부유한다. 저 시리도록 애잔한 음률 속에서 시베리아의 눈발이 휘날린다.

박공지붕 아래
부유하는 감각들

"나는 내 눈앞에 보이지 않는 것들을 찾기 위해
표면 아래를 파헤치지 않는다."
— 존 싱어 사전트

쓰으윽, 쓰으윽. 골목길 어디선가 눈 치우는 소리에 아침을
맞는다. 내 집 앞 눈은 내가 직접 치워야 한다는데 눈은 또 어
떻게 치워야 하나 은근히 신경이 쓰인다. 창밖으로 빼꼼 고개
를 내밀어본다. 우와! 입안의 침마저 얼릴 듯한 매서운 대기 아
래, 어쩜 눈이 한가득 내렸다. 뽀얀 햇살을 받아 더욱 하얗게
반짝이는 눈 속에 파묻힌 누군가의 발자국이 어린 시절 눈 내
린 아침을 회상케 한다. 그런데 정말 눈을 치워야 하는 걸까?
뭘로 치우지? 머릿속으로 가지고 있는 장비를 바꿔가며 갖은
상상을 해보지만 한겨울의 파라다이스 같은 전기장판을 단번
에 박차고 나올 용기는 없다. 내 집 앞 눈을 빨리 안 치우면 신
고당할지 몰라. 벌금도 있으려나? 한참을 망설이다 주섬주섬
손에 잡히는 대로 걸쳐 입고, 양손에 빗자루와 쓰레받기를 들

오래된 집의 탐미

고 엉거주춤 현관을 나서는데, 어머나! 없다. 눈이 없다! 집 앞 골목길 눈은 이미 담장 옆으로 곱게 치워져 있다. 심지어 청록색 현관 진입로까지. 누굴까? 동네 이웃? 아니면 시청? 구청? 주민센터? 원래 해주는 거였나? 그저 다행이다 좋아하며 후딱 파라다이스로 다시 돌진할 뿐 의문을 더 이상 해결하고 싶진 않다. 내 호기심은 언제나 나에게 유리할 때만 작동하니까.

그 후로도 여러 번 이웃의 눈 치우는 소리에 선잠을 깼다. 마른 나뭇가지 위로 두툼하게 흰 눈이 내려앉은 날, 골목 안 작은 도로만이 아니라 남의 집 문 앞 눈까지 치워주는 이웃이 생기는 건 감히 상상도 못 한 너무도 근사한 선물이었다. 시루떡에 아이보리빛 라그라스를 꽂아 고마운 이웃에게 늦은 답례를 전한다. 작은 마당에 함박눈이 소복하게 쌓여가는 아득함을 풍경으로 두고 꽤나 다사롭고 안온하게 보내는 호사스러운 겨울날들. 봄이면 봄대로, 여름이면 여름대로, 가을이면 또 가을대로. 오래된 단독주택에서 계절마다 새로운 낭만을 하나씩 배워나간다.

이날, 눈송이 하나까지도 내 시각적 한계를 넘어 존재의 무게를 지닌 채 우리 집 작은 앞마당으로 떨어졌다. 겨울은 그 절정을 향해 묵묵히 발자국을 남기며 소멸과 생성의 시간을 걸어가고 있었다. 겨울, 이 사색적 단어는 침묵 속에 스며드는 감정의 잔향을 떠올리게 한다. 빈티지에도 향이 있다면 그건 허브와 나무 같은 태곳적 자연이 선물한 치유의 향취가 아닐까? 게다가 인간의 후각은 놀랍도록 특별해서 향기로 기분이 바뀌고 아스라한 과거의 기억을 소환하기도 하니 이런 자발적 침잠과 침묵의 계절 겨울에는 유독 더 후각으로 위안을 받는 듯하다.

계절을 따라가며 떠오르는 차의 향도 달라졌다. 막 딴 싱그러운 페퍼민트 잎을 차에 띄워 봄날을 시작했고 스패니시 오렌지차로 8월 한여름 시에스타의 나른함을 깨웠다. 늦가을까지 내 손에서 떠나지 않던 잔잔한 캐모마일 꽃차 대신 지금은 달큰한 캐러멜향이 그리워 루이보스차를 우린다. 집 안 곳곳 다른 감각의 향기들을 비치해두고 아침마다 음악을 고르듯(물론 거의 라흐마니노프지만) 순간순간 마음을 끄는 향을 사르고 차를 마셨다. 패션의 완성이 향수이듯 집에 고유한 체취를 심어주는 과정을 통해 자신만의 유일한 집은 천천히, 그렇지만 단단한 근력으로 만들어져간다.

마음과 정신이 혼탁해질 때면 샌달우드 인센스 스틱에 불을 붙였다. 성聖과 속俗이 공존하던 인도 사원에서 맡았던 나그참파 향을 기억하며 명상에 집중하려 노력한다. 종교는 없지만 영적인 생활을 추구하기에, 내 깊숙한 곳에서 쉽게 떠나지 않는 불안을 이제는 적극적으로 포용하기 위해, 그리고 이 집이 내 영혼을 맑히고 고요히 사색할 수 있는 곳이길 바라는 간절함으로…… 노력하려 애쓴다. 멋진 티베트 싱잉볼도 하나 선물받았다. 물론, 불편한 가부좌 자세와 생각을 비워내야 한다는 강박에 오히려 좌불안석이 되어 쉽게 그만두지만, 그 순간에도 한 줄기 연기가 공간으로 깊숙이 스며드는 것을 느낄 때면 비로소 긴장이 누그러지곤 했다.

공간을 위해 자연의 향을 수집하는 재미는 나를 위해 니치 향수를 모으는 것보다 가성비도, 가심비도 넘쳤다. 요맘때처럼 얼어붙은 심신에 멜랑콜리한 급처방이 필요할 때면 달콤한 우디향의 팔로산토를 태우고, 뭔가 뻔하지 않은 독창적인 영감을 얻고 싶을 땐 화이트 세이지와 여바 산타 스머지 스틱을 허공에 그린다. 또 여름 바다 내음이 그리울 때마다 지중해 오렌지향이 스치는 청량한 아쿠아틱 노트 캔들에 불을 붙인다. 키우던 라벤더와 로즈마리를 엮어 바람이 잘 통하는 곳에 걸어도 두었다. 알싸한 허브향이 바람에 실려 몸에 머물고 마음에 스민다. 허브가 품은 치유의 향취는 마치 내 삶을 정화하는 의식의 서막을 알리는 무형의 기호와도 같다.

모로코식 대리석 기둥 아치 아래, 한 여인이 은향로에서 피어오르는 아로마 연기를 쐬고 있다. 이 모습은 경건한 종교적 의식처럼 보이기도 하고 로맨틱한 조우를 위한 관능의 몸단장으로 비치기도 한다. 여인이 도취된 수컷 향유고래 추출물인 용연향은 최고급 향수를 만드는 데 사용되지만, 성욕을 돋우는 강력한 최음 성분을 가지고 있어 《천일야화》 속 셰에라자드에게 천 일 동안 성애를 뿜어내는 매력적인 조력자였다고 한다. 셰에라자드가 용연향으로 현실과 상상을 오가는 마법을 부린 것처럼, 그림 속 여인도 모든 단장을 마친 후 간절한 욕망과 함께 마법을 부리기 위한 마지막 준비를 하던 중이었을까.

이 신비로운 비의 속 배경으로 묘사된 서늘한 설화석고 벽의 우윳빛 크림색, 그리고 푸른색 타일과 현란한 카펫으로 장식된 이슬람풍 바닥은 이곳이 따뜻한 빛과 건조한 대기를 품은 이국의 땅임을 말해준다. 실제로 〈용연향 연기〉는 사전트가 중동과 북아프리카를 여행하는 동안 모로코에서 그린 수채화를 1880년 유화로 재탄생시킨 것이다.

19세기 후반, 오리엔탈리즘과 다른 문화권(특히 비기독교 문화)의 비밀스럽고 관능적인 유혹은 많은 서구권 화가들을 그

존 싱어 사전트John Singer Sargent, 〈용연향 연기Smoke of Ambergris〉
1880년, 캔버스에 오일, 139.1×90.6cm, 매사추세츠 클라크 미술관 소장

들의 땅으로 불러들였고, 예술가로서 자기 정체성을 확고히 다지는 도약의 계기를 만들어주었다. 오리엔트(동방)에는 도대체 무엇이 있었던 걸까?

거기에는 태양빛에 고스란히 발가벗겨진 강렬한 색감, 온몸을 은밀하게 휘감은 여성, 풀어내야 할 암호 같은 아라베스크 문양, 한없이 투명하게 말라버린 대기, 하늘을 향한 신실하고도 공허한 이교도의 기도 소리, 그리고 향薰이 있었다. 아름다움과 쾌락, 풍요로움에 대한 인간의 원초적 욕망을 채우는 향의 대부분은 그들이 칭송한 오리엔트로부터 왔다. 유향, 몰약, 용연향은 중동의 예멘에서, 사향내가 나는 넛맥은 스리랑카에서, 재스민은 인도에서 그 기원을 찾을 수 있다. 진귀하고 미혹적인 이들 향은 악이나 질병으로부터 사람들을 보호하기 위해 종교의식에서 태워지거나 이성의 마음을 사로잡는 유혹과 유희의 수단이 되었고, 때로는 인생역전의 부를 건네주기도 했다.

절대적 욕망 덩어리였던 향들을 나의 집에 끊임없이 새겨놓는다. 하나의 욕망이 소멸하기도 전에 더 강한 다른 욕망이 내 안에서 꿈틀거리는 걸 느낄 수 있다. 점점 더 요동치는 날것의 생명력이 할퀴어놓은 상처가 고통스러워 또다시 향을 피운다…… 언제나 향을 피울 때면 성스러운 것과 세속적인 것 사이에 모호하게 걸쳐 있는 느낌이 들었다. 그것은 내가 무척이나 좋아하는 감정이기도 하다. 이 겨울 내내 그렇게 나는 욕망을 비워내야 한다며 욕망 덩어리인 향에 취해 살고 있었다.

촉촉한 초록 물기를 내어준 대신 바스락거리는 세월 바랜 색채감을 얻은 드라이플라워에도 샌달우드의 깊은 잔향이 묻어나기 시작했다. 지난가을 데려온 담황색 갈대에, 길게 늘어뜨린 등나무 줄기에, 커다란 팜파스 잎사귀에, 공간의 모든 말라버린 식물이 잃어버린 향기를 입는다. 집의 풍경과 어울리는 차, 향, 음악, 아울러 그들이 조율해낸 독특한 공기의 촉감이 깃들자 나는 이 공간을 더 애정하게 되었다. 이곳에서 우리 함께 많은 행복을 이루어가자고 달콤한 첫 속삭임을 한다. 앞으로의 과정이 지금까지처럼 치열하지만은 않을 거라고 환심을 사기 위해 더욱 달콤하게 속삭인다. 나의 집 '이그조띠끄'에게.

오래된 집의 탐미

첫 겨울의 증명

"내 몸은 썩어가지만 그 시체 위에서 꽃이 핀다.

난 그 꽃 속에서 사는 셈이다.

이것이 영원이라는 것이다."

— 에드바르 뭉크

올겨울 추위는 여전히 물러남이 없다. 한기와의 사투를 결심하고 실내에서 두툼하게 옷을 껴입고 지냈다. 따끈한 차도 쉼 없이 마셨다. 아무래도 반소매 티 하나만 걸치고 겨울을 나던 신사동 빌라 때와는 상황이 아주 달랐다. 추위? 보일러를 더 틀면 되지. 그럼 간단히 해결될 문제야. 호기롭게 말해보지만 지난달 청구된 가스 요금이 나의 전투력을 상승시킨다.

폴딩 도어 밖 아직 온전히 녹지 않은 응달의 눈덩이를 바라본다. 겨울의 서늘한 기운에는 정신을 깨뜨리는 오묘한 물질이 들어 있다. 대기를 성글게 구성하는 소립자들이 각자의 자리를 지키며 완벽한 거리를 유지하고 있는 것만 같다. 그 널찍한 공백은 내 삶, 내 생각, 내 원願이 개입할 여지를 남겨놓는다. 아니, 나만의 것이 아니라 자연 만물 하나하나의 자유의지가 겨울 공기 안에 서려 있다는 느낌을 받는다. 이 서늘함은 뭔가 객관적이고자 하는 거대한 의지가 아닐까. 차갑고 이성적인 태도로 세상을 관장하려는 것. 그 냉정한 지배 아래, 가을 끝에 소멸한 듯 보였던 모든 영혼이 잠자코 숨을 죽인 채 봄의 소생을 준비하고 있다. 아무런 변화 없이 그대로 머물러 있는 듯 보이던 것들도 때가 되면 자연스럽게 분명한 움직임을 드러내는 법이다. 마음의 외로움과 육신의 외로움이 만들어낸 여백. 그 파편화된 감정의 사이사이로 나는 나를 더 진솔하게 담아낼 여백을 보았다.

내겐 쓸모없기만 했던 겨울이 왜 있어야 하는지 비로소 알 것 같았다. 겨울은 정신의 계절이었다. 북구에서 위대한 근대 철학자들이 출현한 맥락도 비슷한 계절적 배경에 기인했으리라. 독일 미학자 빌헬름 보링거는 《추상과 감정이입Abstraction and Empathy》에서 빛의 성격이 예술에 미치는 영향을 분석하며 지중해의 강렬하고 명료한 빛이 형태의 조화와 균형을 강조하는 객관적이고 이성적인 예술을 탄생시켰다고 설명했다. 반면, 북구의 흐릿하고 확산된 빛은 내면의 감정과 분위기를 중시하는 주관적이고 감성적인 예술로 이어졌다고 보았다. 지중해 예술은 안정감과 미적 쾌락을 추구한 고대 그리스 조각과 르네상스 미술로, 북구 예술은 초월적 신비와 숭고미를 표현한 문학과 음악으로 대표된다.

북구 철학자들이 겨울의 깊은 어둠에서 정신적 통찰을 이끌어낸 것처럼 나 또한 이 계절을 통해 나만의 내면 풍경을 발견하고 있었던 셈이다. '쉼'이라는 스스로의 허락 아래 분간할 수 없는 하루하루가 느슨한 밀도로 빠르게 흘러갔다. 어제와 오늘, 그리고 내일의 구분이 모호한 하루들. 종종 오늘이 며칠인지 헤아리다, 서서히 사멸하는 겨울 공기에 이제 침잠의 시간을 마무리하고 봄을 맞이해야겠다는 다짐을 한다. 한층 온기를 품은 햇살에 어디든 갈 수 있고 무엇이든 거뜬히 감당할 용기를 받는다. 그 지긋지긋하던 공사 소음과 먼지도 다시 한 번 견뎌낼 수 있을 거였다.

　나만의 시간이 흐르는 대로 살아본 겨울이 끝나갈 즈음 보완해야 할 공정이 자연스레 정리되었다. 불투명한 뿌연 비닐 대신 빛과 바람이 통과할 하얀 리넨 커튼을 달았다. 창문에 덕지덕지 붙어 있던 비닐을 말끔하게 떼어내며 내 마음에 남겨진 미련도 떼어버린다. 무엇을, 아니 누구를 향한 것인지조차 모르겠는 어떤 미련. 테이프 자국이 끈적하게 달라붙어 잘 지워지지 않는 부분은 묵은 때를 벗겨내듯 손톱으로 조심스레 긁어냈다. 한참을 애써도 얼룩덜룩 미련이 남기는 마찬가지였다.

　감정은 얼마나 사실일까? 이 찐득거리는 흔적에는 내 마음이 한 시절 인연을 향해 흐르다 멈춰버린 순간도 그대로 달라붙어 있었다. 누군가에게 의지하려는 마음이 빚어낸 참담한 어리석음의 순간, 미처 인식하지 못한 축적된 외로움이 초래한 결핍의 순간, 타인의 경탄으로 내 인정 욕구를 채우며 우쭐했던 비루한 자기 위로의 순간. 결국 서로가 아닌, 아무라도 상관없었을 올겨울 한파 같은 무의미한 잠깐의 스침이었다. 초를 켜고 와인을 따르고 북구의 음악을 틀고 향을 사르던 날들. 이 실재하는 감각 사이를 비집고 내게 촉감으로 걸어 들어온 사람……

　실은 사랑이 하고 싶었겠지. 이 집에서의 첫 겨울, 넘치게 흐르던 감각의 밑바닥에 도사리고 있던 끝내 해갈되지 못한 욕망이 결국 화를 불러들인 건 아니었을까. 욕망이 나를, 내 안의 정서를 분해한다. 균등하지 못한 파열로 한순간 나라는 존재가 갈가리 찢기는 고통이 엄습한다. 애써 가다듬은 일상에 거대한 균열이 이는 느낌. 마치 스스로에게 상처를 입히지 않고는 견딜 수 없는 사람처럼 공허한 피로감에 삶을 몸서리쳤다.

잠시 나를 뒤흔들어놓은 혼란의 끝이 오자마자 그 사람의 물건도, 글자도, 음성도, 모든 걸 버리고 지워냈다. 그런다고 기억조차 당장 사라지는 건 아닐 테지만 나도, 내가 소유한 공간도 그에게 잠식되어 있는 건 견딜 수 없었다. 흔적을 지우는 데는 오랜 시간이 걸리지 않았다. 어렵게 지울 만한 무게를 지닌 물건도, 회상할 추억도 애초 존재하지 않았으니까. 우리의 인연은 그렇게 짧고 보잘것없었다. 고작 이 정도로 나를 흔들지는 마! 그렇지만 누군가 들어왔다 나간 심장에는 어쩔 수 없는 바람이 불었다.

에드바르 뭉크의 작품 〈이별〉은 사랑과 상실의 순간을 고요히 응시한다. 여인의 금발은 마치 햇살처럼 광휘롭게 빛나며, 그녀의 존재감은 화면 전체를 압도한다. 그러나 그 빛은 따뜻함이 아니라 차가운 거리감을 만들어내고, 떠나가는 모습은 이별의 시작을 암시한다. 왼쪽에 무력하게 남겨진 남성은 고개를 떨구고 붉은 피가 흐르는 심장을 움켜쥐고 있다. 그 비극의 피를 자양분 삼아 심장의 형상으로 생장하는 붉은 식물은 창작이 예술가의 생명선에서 근원을 얻는다는 뭉크의 생각을 반영하는 듯하다.

떠나는 이에게 이별은 해방이지만, 남겨진 이는 상처를 간

오래된 집의 탐미

에드바르 뭉크Edvard Munch, 〈이별Separation〉
1896년, 캔버스에 오일, 96×127cm, 오슬로 뭉크 미술관 소장

직한 채 그 자리에 머물러야 한다. 남성의 목을 타고 가슴까지 흘러내린 긴 머리카락은 두 사람을 연결하는 마지막 끈이자, 남겨진 자의 고통을 옭아매는 속박으로도 느껴진다. 부드러운 선 끝은 잔인할 만큼 날카롭게 남성을 짓누른다. 마치 질기게 남아 있는 유대감이자 이별 후에도 한참을 존재하는 미련처럼.

어두운 녹색과 보라색이 뒤섞인 배경 속에 슬픔과 절망은 한층 더 무겁게 가라앉고 해안가의 곡선은 불안정한 감정을 더욱 고조한다. 색채가 흐릿하게 스며들어 경계를 잃은 표현주의적 풍경은 이별이라는 감정의 모호함과 관계의 애매함을 심도 있게 투영한다.

이 작품은 관계의 끝을 표층적으로만 보여주지 않는다. 여성과 남성의 대조적인 위치와 상반된 정서는 이별이라는 행위가 품은 양면성을 탐구한다. 떠나는 자와 남겨지는 자, 사랑했던 기억과 끝이 남긴 공허함, 그 사이의 미묘한 긴장을 포착해 겨울의 끝자락에 선 내게 관계의 본질과 이별의 의미를 쓸쓸히 물어오고 있었다.

과거의 망령들일까. 아직까지도 나는 끝나버린 과거 인연들의 환영에 둘러싸여 살고 있는 듯했다. 이미 오래전이 되어 버린 나르시시스트의 시답잖은 난폭함 위로 하찮게 끝난 겨울 인연이 함부로 떠다녔다. 시간이 흐를수록 그 혼탁한 공기에 질식할 것만 같았다. 내 못난 과거들과 완벽히 화해하는 과정은 생각보다 긴 시간이 필요했고 스스로에게 더 많은 상처를 내야만 했다. 때론 내 아픈 과거에 편집증적 거리감을 두고, 그건 나의 일이 아니었다고 신경질적인 거부를 해댔다. 나를 과거의 상처로부터 보호하기 위한 삶의 방식이었을까. 언제쯤이

오래된 집의 탐미

면 묵묵히 받아들일 수 있는 걸까. 시간이 흘러도 여전히 내 것이 되지 못한, 아니 내 것으로 인정하지 못하는 아픈 과거가 누구에게나 있는 거겠지. 그렇게 대충 받아들이며 살아가자. 이제 봄도 왔으니.

머리카락 한 올조차 남김없이, 홀연히 솟아난 망령 같던 지난 인연들이 빠져나간 자리를 부지런히 매만지며 나는 집을 돌보기 시작했다. 페인트 컬러가 아이보리라는 거짓말, 이게 청동 부식이라는 거짓말, 천장 오일스테인 오염 자국을 교정할 수 있다는 거짓말. 이 모든 거짓말이 진짜 거짓이라는 걸 내가 증명해내야 했다. 도장 업체가 망쳐놓은 이 공간의 색감을 내 주관적인 잣대로 바로잡는다. 연두색으로 칠해진 복층 계단의 앤틱 단조에 제대로 된 패티나(녹청) 효과를 내고, 유치하게 노란 복층과 다락의 천장과 온통 하얗게 칠해진 벽면이 아쉬워 천연 석회 미장을 했다. 단조롭던 하얀 벽 위로 옐로 브라운과 크림 화이트 혹은 그 스펙트럼 어딘가의 색조를 지닌 숱한 터치들이 내 손 아래에서 무수히 교차되고 겹쳤다. 지중해의 강렬한 햇볕이 훑고 지나간 듯 거친 질감 위에 아쉬운 올겨울의 층위를 덧댔다.

그 벽면에 뒤러를 걸었다. 뒤러의 정신적 초상화라 불리는 〈멜랑콜리아 I〉을 원본과 꼭 같은 사이즈로 출력해 걸어두었다. 서양 문화의 근본 정조인 멜랑콜리는 우울이나 슬픔을 넘어 예술가의 고뇌와 창조성과 깊이 연관된다. 다시는 찾아오지 않을지도 모를 창작의 영감을 기다리는 걸까? 멜랑콜리를 가장 극명히 표현한 이 판화 속 인물은 예술적 추구를 통해 삶의 의미를 찾으려 애쓰면서도, 자신의 한계와 세속적 현실의 불완전함을 자각하며 괴로워한다. 가까이 두고 주문처럼 응시하다 보면, 나도 언젠가 지적인 관조로 창의적 상상력을 갈구하는 예술가의 태도를 얻게 될지도 모르기에. 창작하는 사람은 고독하기에 결국 우울해질 수밖에 없다는 멜랑콜리의 의미가 우울의 기질을 타고난 내게도 짐짓 위안처럼 다가왔다.

함박눈이 내린다. 아마도 이번 겨울의 마지막 함박눈일 터였다. 멍하니 쌓이는 눈을 바라보고 있자니 내가 겪은 모든 일이 허구인 것만 같다. 어딘가에서 읽거나 봤을 뿐인 장면을 마치 내 것인 양 착각하고 있는 건 아닐까. 종종 혼자 이런 말도 안 되는 상상이 가능할 만큼이나 겨울 끝에 다다르니 비현실적인 기억뿐이다. 유유자적 겨울을 무람없이 소비했다. 지난겨울은 좋았다.

오래된 집의 탐미

얻은 것과 잃은 것

"우리가 스스로 해야 할 과제는

안전함을 느끼는 것이 아니라

불안을 용인할 능력을 갖추는 것이다."

— 에리히 프롬

역시나 봄이 되니 사뭇 분주하고 소란스럽다. 지난겨울 이 골목 안에는 간간이 지나가는 거친 자동차 배기음만 들려왔는데 지금은 온갖 소리가 안과 밖의 경계를 허문다. 나도 뒤처질세라 그 소란에 일조한다. 끝끝내 하고 싶지 않았던 지붕 공사를 하기로 했으니까. 우리 집이 이 골목에서 또다시 제일 시끄러운 소음 발원지가 된다.

꼬리에 꼬리를 무는 걱정. 정말이지 가까운 곳의 걱정이 먼 곳의 걱정을 지워버리고, 하나의 걱정이 사라지기도 전에 급습해 온 다른 걱정으로 예전의 것은 어느덧 종적을 감춘다. 악몽마저 꾸게 했던 방수로부터의 임시 해방도 잠시, 이제는 지붕이 걱정되기 시작했다. 쏟아지던 함박눈에 모진 겨울을 버틴 오렌지색 시멘트 기와는 새가 총총거리며 밟고 지나가기만 해도 으스러질 것처럼 제대로 삭아 있었다. 어느 날 밤에는 길고 양이가 기왓장 위에 덮어둔 비닐을 신경질적으로 뜯어놓았다. 일찌감치 만개해버린 벚꽃이 지자마자 엘니뇨니 라니냐니, 이상 기후로 인해 올여름 엄청난 국지성 폭우가 예상된다는 뉴스까지 흘러나오며 공포를 조장했다.

리모델링이라고 하여 신축 지붕 공사보다 80퍼센트나 높은 견적을 받았다. 구옥 리모델링은 많은 부분에서 신축보다 까다롭고 비싸다. 차라리 모두 헐고 새로 짓는 게 낫다는 말은 괜한 과장이 아니다. 사실 돈도 돈이지만 스패니시 기와를 닮은 색감이 은근히 마음에 들었기에 이 집의 모든 과거 흔적을 없애버린다 해도 이 오랜 기와지붕 하나만은 기념비적 유물처럼 남겨두고 싶었다.

지붕 리모델링 공사를 위해 또다시 대출을 받는다. 마지막까지 탈탈 털어 끌어모은 금전적 잠재력……. 나는 감당할 수 없는 집을 사버린 게 아닐까. 겨울 동안 잠시 쉬고 나면 괜찮을 줄 알았는데 공사 소음을 다시 견딘다는 건 결코 쉽지 않았다. 집 전체가 쉴 새 없이 진동하며 희뿌연 먼지로 뒤덮였다. 먼지 때문인지 내 시력이 나빠진 탓인지 시야조차 흔들려 모든 사물이 연무 속을 걷는 듯했다. 무려 20여 일이 넘게! 몇 달 전부터 자꾸만 눈이 충혈되고 뻑뻑해져서 오랜 시간 컴퓨터 작업을 하기가 힘들었다. 온몸이 가려워 독한 피부과 약을 복용하기 시작했고 심한 불면증을 견디다 못해 수면유도제 처방까지 받았다. 그동안 돌보지 않았던 내 몸이 드디어 반란을 일으키는 건가? 몸 전체가 상처 덩어리 같았다. 누군가 나를 한껏 사랑해주기를 바랄 때만 적극적으로 몸을 가꾸었지, 건강이라는 측면에

　　　　　　　　　　　　　오래된 집의 탐미

서 제대로 보듬어준 적 없는 나의 몸이었다. 눈가에 주름이 더 생겨났다고, 근육으로 튼실했던 허벅지와 종아리의 탄력이 느슨해졌다고, 피부의 윤기가 줄어들었다고, 나이 듦은 이렇게나 정직한 거라며 탄식해왔는데, 그게 정작 중요한 문제가 아니었다. 정신적 고통과 마음의 통증은 훨씬 더 예리하고 솔직했다.

공사 현장의 카오스에서 탈출하자. 내 건강을 적극적으로 보호하기 위해 운동까지는 못 하더라도 산책쯤은 다녀야 한다. 아니, 아니, 아니다. 사실은 뭔가 풀리지 않는 답답함에 부지런히 걸었을 뿐이다. 비가 막 그친 봄날의 산책길에는 유독 내 발길을 붙잡는 향취가 있다. 떨어진 꽃잎 사이로 빗방울을 머금고 촉촉이 젖어 있는 지난가을의 낙엽. 꽃내음보다 진한 낙엽향에 한참을 취해 머뭇거린다. 새 생명이 소생하는 봄에 소멸의 잔재를 본다는 건 생과 사, 희망과 절망도 결국 분리될 수 없는 존재의 본질임을 일깨우는 자연의 잠언이었다. 나뭇잎 사이로 비치는 햇볕도 많이 따가워졌고 보드라운 열기로 내 다리를 감싸는 바람은 한층 더 간질거린다.

오늘은 아차산 둘레길을 지나 워커힐 호텔을 거쳐 한강까지 걸어본다. 집에서 한강에 닿는 길은 은근히 아기자기한 볼거리가 많아 지루할 틈이 없다. 마카오나 홍콩, 더 한적하게는 말라카 같은 동남아의 도시를 거니는 기분이 든다. 강변을 바로 앞에 둔 동네에서만 느껴지는 비릿하고 끈적한 냄새가 알 수 없는 향수를 자아낸다.

봄밤, 봄밤, 봄밤. 봄밤이라는 말이 이토록 근사했었나? 서울 어디서든 보이던 롯데타워가 늘 흉물스러운 미사일처럼 거슬렸는데, 한강 건너 지척에 우뚝 선 롯데타워마저 뜻밖에도 낭만적인 황홀을 꿈꾸고 있었다. 저 타워가 없었다면 이곳 한 강 뷰가 지금처럼 근사하지 않았을 게 분명했다. 뒤쪽으로 아차산과 워커힐 호텔이, 앞쪽으로 한강과 롯데타워가 자리 잡은 풍경은 자연과 인공이 만들어낸 완벽한 장면이었다. 동네의 범위를 조금만 더 확장했을 뿐인데 거짓말처럼 아차산이, 품격 있는 호텔이, 한강이, 게다가 유럽처럼 자유롭게 걸을 수 있는 광진교가 나의 동네에 생겨났다. 산책길은 우울감에 저며진 나를 산과 강이라는 경이로운 '신'과, '신이 되고자 한 인간'이 하늘까지 쌓아 올린 건축물이 어우러진 풍광으로 안내한다.

물론 걸어도 걸어도 마음이 좀처럼 나아지지 않는 날도 있는 법이다. 이런 날은 어떻게 마음을 달래야 하나. 무거운 기분을 떨칠 수 있을 때까지 걸어야 할까. 팡팡이의 마지막 흔적을 아차산 자락에 뿌려주던 날엔 기분이 한없이 가라앉았다. 허전함 때문이었을까. 무지개다리를 건넌 지 4년이 지나도록 미처 다 뿌려주지 못한 팡팡이의 재를 안고 이곳으로 함께 이사를 했다. 이제는 정말 보내줘야 할 것 같아서 팡팡이가 떠난 5월 아차산을 찾았다. 보내야 해서 보내놓고 혼자 남겨진 듯한 이 느낌이 싫었던 걸까. 텅 빈 마음을 부여잡고 겨우 도착한 집 앞에 웬 낯선 남자가 서성이고 있었다.

"무슨 일이시죠?"

"공사 중인 요 앞집인데요. 집이 너무 예뻐서 구경하고 있었습니다. 저 현관문은 정말 똑같이 따라 하고 싶을 만큼 탐이 나네요."

"들어와서 차 한잔 하세요. 한 골목 이웃분이신데 제가 도움될 일이 있으면 기꺼이 도와드릴게요."

　　　　　　　　　　　　　　　오래된 집의 탐미

나는 도어 업체 대표에게 전화를 걸어 상황을 설명하고 좋은 가격에 감각적인 디자인의 문을 잘 부탁한다며 둘을 유쾌하게 연결해주었다.

"디자인과 색감, 그리고 세부적인 디테일까지 절대! 절대! 동일하게 복제하면 안 됩니다!"

순수한 호의? 조심성 없는 경솔? 위험한 객기? 아니면 지나친 오지랖? 아마도 그 모든 것에 모호하게 걸쳐진 애매한 태도였겠지만, 분명한 건 내 마음의 찬기를 기꺼이 베풀 수 있는 온기로 채우고 싶었다는 진실이다. 그러나 며칠 뒤 저녁 산책길에 나섰다가 마주한 앞집 광경은 내 이성마저 텅 비게 만들고 말았다. 우리 집 현관에 썼던 타일과 '똑같은' 타일이 한쪽 가득 쌓여 있고, '똑같은' 디자인의 현관문이 제작 중이었다.

"이 타일은 그럼 당신만 쓸 수 있는 건가요?"라는 앞집 남자의 말과 "어차피 저 문도 유럽의 빈티지한 디자인 몇 개를 참고한 거 아닌가요? 순수한 오리지널 디자인이라고 할 수 있습니까? 그리고 아시다시피 우리나라는 디자인에 대한 저작권이 제대로 보장되지 않는 경우가 많습니다"라는 도어 업체 대표의 말.

나는 어느새 눈물을 글썽이고 있었다. 졌다는 기분이 들었다. 내가 만든 환상이 하나둘 깨어지기 시작하더니 끝끝내, 이제껏 멱살 잡고 끌고 온 나의 사기, 그리고 스스로에게 강박처럼 걸어온 유리 최면이 차례로 부서지고 있었다.

갑작스레 쏟아진 비를 피하고 있던 내게 우산을 건네준 동네 카페, 갈 때마다 종종 면류와 과자를 챙겨주는 편의점, 처음 본 나에게 외상까지 허락한 수산물 가게, 눈에 좋다며 샛노란

메리골드 화분을 선물해주신 옆집 할머니와 남의 집 앞 눈을 치워주시는 골목 할아버지까지. 풍요로운 측면도 많았지만 가끔씩 나를 참혹하게 만드는 동네 사람들 때문에 힘들었다. 어디에나 트러블메이커는 존재하기 마련이라는 진리를 알고는 있지만, 좋아하는 걸 해주는 것보다 싫어하는 일을 하지 않는 게 사랑이라는 사실 또한 나는 잘 알고 있다. 여전히 이 골목에서 나 혼자만 이방인인 느낌이었다. '이방인'이라는 단어 자체에서 풍기는 외롭고 낯선 뉘앙스가 쉽게 지워지지 않았다. 인간이, 이 골목이, 이 동네가, 그리고 무엇보다 '삶의 시즌 2'니 뭐니 요란스레 설쳐대던 내가 또다시 견딜 수 없을 정도로 혐오스러워졌다.

나의 역치는 언제쯤 높아질까. 지붕 교체까지 모든 공사를 마치고 평온하다 느끼던 것도 잠시, 처참한 덧없음이 몰려왔다. 뭐가 달라졌지? 집만 완성되면 당연히 사라질 줄 알았던 그간의 분한 감정이 터져버린 걸까. 이 집이 리모델링되는 동안 내 삶은 전혀 리모델링되지 않았다는 헛헛함. 많은 것이 변했다고 생각했는데 알고 보니 대부분 그대로였다. 모든 게 씁쓸한 허상이었다.

결국, 자발적으로 만든 이 모든 상황에 냉소적인 내 마음이 어지러운 광기를 드러내고야 만다. 아등바등해봤자 크게 달라지는 건 없더군. 이 집을 위해 나를 섣불리 제물로 바친 건 아닐까 싶은 의심을 품고, 한동안 의욕도 식욕도 모두 잃은 채 해질 무렵의 아차산과 한강을 눈물을 흘리며 걸었다. 현실과 이상 속 온갖 좋고 나쁜 환영에 시달리기 시작한 나. 이 불안한 광기를 대체 어떻게 해야 할까. 미친 것 같았다. 긴 여행을 떠

오래된 집의 탐미

펠리시앙 롭스Félicien Rops, 〈성 앙투안의 유혹La Tentation de Saint Antoine〉
1878년, 연필, 파스텔, 수채화 및 과슈, 73.8×54.3cm, 벨기에 왕립도서관 소장

나야 하나, 정신과에 가봐야 하나……. 고민 끝에 일단 정신과 진료를 예약했다.

붉은 망토를 두른 악마가 그리스도를 끌어내리고 음욕을 상징하는 풍만한 육체의 여인을 내세워 성자를 유혹한다. 펠리시앙 롭스는 전통적인 종교화의 권위를 실추시키려는 의도로 날개 달린 아기 천사 푸토 대신 우스꽝스러운 해골을, 충성의 도상을 지닌 '개' 대신 우매한 탐욕의 형상인 '개를 닮은 돼지'를 그려 넣었다. 조롱 섞인 표정을 짓는 악마와 나체 여인의 대비는 금욕과 탐닉의 경계를 의도적으로 흐트러뜨리며, 십자가 위에 적힌 '에로스EROS'라는 글자는 작품의 풍자적 메시지를 한층 더 직접적으로 드러낸다.

4세기경 금욕주의 은둔수사였던 안토니우스는 악마가 펼치는 수많은 환영 속에서도 유혹에 승리했다고 전해진다. 그러나 화가들의 입장에서 보면 종교적인 코드를 입힌 에로틱한 이미지로 전환하기에 더없이 매력적인 주제였을 것이다. 이 반어적 제재를 통해 벨기에 출신의 상징주의 화가 펠리시앙 롭스는 19세기 말 유럽을 풍미한 세기말의 광기를 그로테스크하고 에로틱한 자신만의 조형언어로 표현해냈다. 그에게는 육체적인 것이 곧 가장 세속적이고 종교적인 것이었다.

이때는 아름다운 벨 에포크의 시절이자, 세기말의 허무감에 사로잡힌 데카당스의 시대였다. 한없이 밝은 아름다움에 최고의 가치를 부여하면서도 어둠의 사악함을 갈구했다. 쾌활한 음악에 취해 있으면서도 현실의 암울한 도피를 꾀했다. 찰스 디킨스의 《두 도시 이야기》 속 첫 문장처럼 형이상학적이면서 형이하학적인 수사가 난무하는 대립의 세상이었다.

오래된 집의 탐미

공사 재개와 행복, 그리고 갑작스러운 불행감. 내게 다시 찾아온 봄 역시 빛의 계절이자 어둠의 계절이 되어버렸다. 푸토가 평화로이 날아다니던 천국에서 순식간에 우스꽝스러운 해골이 푸닥거리는 지옥으로 추락해버린 봄날을, 아니 삶을 어찌해야 할지. 이렇게까지 대책이 안 설 때가 또 있었을까. 이미 도망에 대한 의지도 의욕도 없었다.

이렇게까지 해야 하나 싶은 시간들. 그 '노오력' 따위 저 찰나의 짙은 석양빛에 녹여버리고 싶다. 태양의 잔향, 그리고 잊히길 바랐던 내 삶의 잔향들. 요행을 바랐지만 결국 삶은 다 똑같지 않나. 스스로의 다그침이 아무런 효력이 없던 시간들. 불행하다는 덫에 걸린 지칠 줄 모르는 내 푸념들. 에리히 프롬의 표현대로, 의식적으로는 희망에 차 있지만 무의식적으로는 절망에 빠져 있는 나 같은 인간. 그 거짓 희망이 나를 희롱해온 것이 분명하다.

터무니없이 큰 야망을 품고 있는 걸까? 아무것도 채워지지 않았다. 내 모든 상처의 기억은 이 집에 새겨진 걸까? 그렇다면 지나친 욕심을 부린 결과는 내 불행한 심정이었다. 어떻게 살면 행복할지 드디어 답을 찾은 줄 알았는데, 그 길을 가기 위한 과정은 여전히 벅찼다. 그리고 또 여전히, 모든 것에 내가 과욕을 부리는 것만 같았다.

집 뒤편 산책길에서

많은 이들이 서울을 떠나 자연에 귀의한 평화로운 삶을 꿈꾸며 시골로 향한다. 도시 생활의 피로감과 소모적인 일상에 염증을 느껴서겠지. 하지만 나는 전혀 서울에 지치지 않았다. 오히려 더 편안함을 느낀다. 그래서 남들이 시골로 떠나 검박한 집을 지을 때, 어떻게든 서울에 두 발을 딛고 더 단단히 서겠다며 많은 부분을 타협했다. 이웃이든 자연이든 더불어 살기 위해 단독주택을 택한 것은 아니었다. 이 아차산 자락 역시 자연과 가까워지고 싶어서가 아닌, 내 가용 예산이 허락한 현실적인 타협이었다.

목표는 분명했다. 내 디자인 미학과 애정하는 요소로만 가득 채워진 공간 하나를 만드는 일. 나를 꼭 닮은 집에서 살고 싶었다. 나머지는 예산이라는 현실적인 조건에서 결정되었을

오래된 집의 탐미

뿐이다. 그러나 단독주택에 산다는 것, 게다가 서울 변두리의 오래된 단독주택에서 살아간다는 것이 품고 있는 전제조건을 나는 알지 못했다. 매일 아침 길고양이의 흔적을 치울 때마다, 내 사유지에 함부로 침입하는 그들의 어이없는 당당함에 칠색 팔색 신경전을 벌이기 일쑤였다. 이른 봄부터 늦가을까지 종류를 달리해 습격해 오는 요상스러운 벌레들에 아연실색하며 살충제를 달고 살았다.

자연친화적이지 못한 내가 지금 무슨 코스프레를 하고 있는 거지? 내 철없는 허영과 허세가 여과 없이 드러나는 건가? 물론 나도 계절의 바뀜에 경탄하고, 화사한 꽃향에 괜스레 달뜨다가도 목련처럼 영욕으로 스러지는 꽃을 보면 나 자신 같아 쓸쓸해하기도 하지만 거기까지다. 남들이 예찬하듯 자연이 주는 위로와 생의 에너지는 애초 내겐 체감되지 않는 공허한 기대였다. 그랬던 나에게조차 자연은 역시 자연이었다.

집 주변 지천으로 널린 자연을 매일같이 걷고, 이웃집 치매 어르신이 망가뜨린 마당에 다시 화분을 들여놓았다. 삼삼오오 아차산을 오르는 가벼운 발걸음들, 저마다의 속도로 한강변을 뛰는 사람들, 텃밭을 가꾸는 가족들의 정성 어린 손길과 가식 없는 웃음소리……. 소소한 산책길에 길어 올린 온갖 여유로운 풍경은 적잖이 나를 안도하게 했다. 어쩌면 자연 그 자체에는 별다른 감흥이 없을지도 모른다. 그 자연과 더불어 살아가는 이들을 통해 각자의 내면을 들여다볼 수 있을 때, 비로소 진정한 가치를 발견하게 되는지도. 몸도 마음도 건강하게 일상을 사는 사람들과 공존하는 우리 동네에서 나도 더러 건강해질 것 같은 기분이다.

음…… 풀 냄새. 걷다 보면 예기치 못한 풀향이 훅 치고 들어와 온몸을 휘감을 때가 있다. 한 발자국 더 내딛는 순간, 싱그러운 초록 공기로 대기가 전복되는 그 놀라운 지점에 닿는다. 가끔 저녁 예불을 알리는 타종 소리가 온 산자락에 울려 퍼지기도 한다. 뒤를 이어 목탁 소리가 탁! 탁! 들리고, 향내음이 아주 가까이까지 흘러든다. 그건 불교라는 특정 종교색이라기보다 오히려 영적인 명상의 감각이었다. 내려놓기, 내려놓기, 내려놓기. 내 희망의 절망적인 외침도 광막한 자연 속 여운이 되어 사위어간다.

어느 날, 드디어 내 마음이 경계를 넘는다. 얻은 것과 잃은 것의 인색한 무게를 재며 하염없이 걷는 일, 찬연한 봄빛과는 어울리지 않는 짓을 이제는 그만하고 싶어졌다. 눈물도 더 이상 흘리지 않는 것이 좋겠다고 따끔히 다독인다. 한 달 넘게 지속된 이 지질한 행위마저 지겨워질 정도로 시간이 흘러서인지, 아니면 정신과에서 처방받은 약 때문인지 정확히 알 수는 없지만, 분명히 하고 싶지 않아졌다. 적어도 이런 일차원적인 호소는 근본적으로 큰 위안이 되지 못한다는 본질을 돈오의 순간처럼 선명히 깨닫기라도 한 듯이. 리모델링 과정에서 얻고자 했던 것에 비하면 내가 잃은 것은 한없이 작은 부분에 지나지 않을지도 모른다.

슬픔을 다른 방식으로 승화시켜야 할 때다. 지금 내 심경을 가장 잘 알아주고 공감해줄 수 있는 사람은 나뿐이다. 내가 한 선택과 그 결과에 다시금 행복하고 싶었기에 왜곡된 태도로 잔뜩 비뚤게만 바라보던 것들과 화해해야만 한다. 이 집과의 화해, 이 동네와의 화해, 내 가족들과의 화해, 마지막으로 나 자신

오래된 집의 탐미

과의 화해.

달아 달아, 내린고 선 자리 위의 달아, 내 소원 좀 들어주렴. 매일 밤 반짝이는 한강을 보며 소원을 빈다. 때로는 지는 해에, 때로는 인공의 조명 빛으로 일렁이는 금빛 한강 위에서, 밤의 수면에 번진 금빛 윤슬을 바라보며 클림트의 〈물뱀〉을 떠올렸다. 클림트는 남과 여, 이성 간의 결합을 통한 에로티시즘이 아닌 자기애, 즉 나르시시즘에 빠진 도취를 금빛으로 물들였다. 물의 흐름에 꿈꾸듯 흔들리는 두 여인, 사실은 자기 자신과 사랑에 빠진 한 여인. 어쩐지 어렴풋이 내 모습이 비친다. 이내 황금빛 사슬에 갇힌 클림트의 여인들도 연이어 하나둘 물빛 위로 떠오르고 있었다.

유디트가 죽은 홀로페르네스의 머리를 든 채 황홀감에 빠져 있다. 마른 듯한 몸매에 살짝 기울어진 머리, 음탕하게 벌어진 입술과 유혹하는 듯 반쯤 감긴 눈은 에로틱한 잔인함을 흘리며 팜므파탈의 치명적인 관능미로 우리의 시선을 지배한다. 여성이라는 한 인간으로서의 당당한 성적 욕망, 그리고 그 성을 무기로 주체적 살인을 할 수도 있다는 프로이트의 정신분석학적 해석을 클림트가 시각적으로 표출해낸 듯 보인다. 그는 '아름다운 여인의 충성스러운 살인'이라는 성경 속 이야기를 '주체적인 여성'이라는 현대적 테마로 재구성해냈다.

첫 번째 유디트에 비해 두 번째 버전의 유디트에는 에로틱하거나 관능적인 느낌이 거의 드러나지 않는다. 좀 더 야윈 몸매와 드레스의 날카로운 패턴에서는 예민함마저 묻어난다. 비록 몸과 시선은 앞을 향하고 있지만, 그녀의 영혼은 한 걸음도 떼지 못하고 굳어 있는 듯하다. 조금 전 자신이 벌인 끔찍한 살

구스타프 클림트Gustav Klimt, 〈유디트 I Judith I〉(좌), 〈유디트 II Judith II〉(우)
1901년, 캔버스에 오일, 84×42cm, 빈 벨베데레 미술관 소장(좌)
1909년, 캔버스에 오일, 178×46cm, 베니스 카 페사로 국제 현대미술관 소장(우)

인에 대한 혐오감에 눈빛은 넋을 잃었고 구부러진 손가락은 공포로 전율한다. 흡사 승리를 자랑스러워하면서도 혼란에 빠진 불안감만이 감도는 모습이다.

〈유디트 I〉은 클림트의 황금시대가 열렸음을 선언하는 작품이라 할 수 있다. 그는 그로부터 8년 뒤인 1909년, 같은 주제를 변주하며 또 하나의 유디트를 창조했다. 하지만 어쩐지 당당하던 눈빛의 황금빛 매혹은 사라지고, 이 새로운 여인에게서는 퀭한 불안의 어두운 색조가 파편화된 화폭 속에 갇힌 답답한 느낌마저 든다.

정교한 황금빛 예술세계를 완성했을 때, 클림트 앞에 펼쳐진 건 아이러니하게도 정점에 선 화가로서의 내리막길이었다. 그의 재능을 뛰어넘는 새로운 세대를 상징하는 두 천재, 코코슈카와 에곤 실레가 등장했기 때문이다. 자신은 도저히 흉내낼 수 없는 거칠고 난폭한 날것 그대로의 열정 앞에 클림트는 좌절했다. 스스로 이룩한 찬란한 예술이 진부한 과거가 되어버리고, 내내 찬양받으며 걷던 길을 내어주어야 하는 비극적 상황을 어떻게 받아들일 수 있을까? 그게 가능하기나 한 걸까? 클림트는 이후에도 해결되지 않는 절망 속에서 끊임없이 색다른 예술적 쇄신을 시도했지만 큰 성과를 내지 못한 채 생을 마감하고 만다. 그것도 그를 줄곧 불안하게 만들었던 아버지와 같은 뇌출혈로. 같은 56세의 나이에.

1901년 황금빛 절정에 선 클림트와 1909년 그 절정에서 서서히 내려와야 하는 클림트. 이 두 유디트에 투영된 그를 보면서 나는 서글퍼졌다. 어떻게 삶의 후반부를 맞이할 것인가? 이제껏 이 집 리모델링과 함께 내 삶의 시즌 2를 나름 잘 준비해왔다고 안심하던 시점에서, 잊고 있던 본질적인 질문이 뼈아프게 다가왔다. 변해야 한다. 이젠 반드시 변해야만 한다. 하지만 어떻게, 어떤 방향으로 변해야 하는 걸까?

감정이 지배해버린 왜곡된 기억들, 그 틈에서 다시 한 번 이 물음을 던진다. 감정은 얼마나 사실일까? 대부분의 감정은 순간적으로만 사실이다. 그 찰나에만 사실로서 유효하다. 방금 막 떨어지는 꽃잎에 리듬감을 실어준 바람은 오직 지금 내 앞에서만 존재하다 사라졌다. 마치 감정처럼……. 내가 오롯이 이 순간을 살아가야 하는 이유다. 그렇게 바람이 지나갔듯 내 감정도 변해갔다. 왠지 모를 배신감, 뭔가에 속은 것 같은 억울함, 그간 겪은 차마 말하지 못한 서러움, 리모델링 공사 동안 혼자 꿍해하며 가족과 친구, 심지어 그저 지인일 뿐인 사람들까지 전부 다 이해하지 못하겠다는 내 편협한 명분조차 저 강물 속으로 모조리 흘러내렸다.

상처받은 세상을 향해 다시 마음을 열듯, 골목을 향해 폴딩 도어를 활짝 열어젖혔다. 공사를 한다고, 내면에 집중할 시기라며 내내 폐쇄적이었던 우리 집이 골목의 친근한 소리와 생기로 채워졌다. 햇볕이 스치듯 바람도 집 안 곳곳 자유로이 퍼져나간다. 사소하고 분명하게도 자연의 흔적이 지나간다. 아주 잠깐 허락된 그 찰나를 붙들어 매고, 누군가에게 자꾸만 알려주고 싶다. 여기 햇살 좀 보세요!

집 밖에서 열린 거실을 바라보려니 마치 바로크식 휘장이 쳐진 무대 같다. 그렇다. 분명 이 집은 바로크적인 특징을 지녔다. 강렬한 빛과 극적인 동세, 지나치게 꾸민 듯한 묘사와 장식성의 17세기 바로크. 바로크 미술의 특징인 과장된 연출의 반

오래된 집의 탐미

동에서 낭만주의가 태동했고, 그 계보는 내가 오마주하는 상징주의와 초현실주의로 이어졌다. 바로크의 연극적 형식과 상징주의의 낭만적 내용이 뒤섞인 채, 인위적이면서도 자유분방하고 비관습적이면서도 정돈된 듯 보이는 이 거실의 허구적인 미장센이 무척이나 마음에 든다. 두 예술사조의 대립적인 언어가 빚어낸 낯설고 생경한 우리 집 풍경이 "저를 한 번만 봐주실래요?"라며 무심히 제 갈 길 가는 사람들의 시선을 유혹한다.

환한 대낮에 무대 단만큼의 높이를 지닌 1층 거실에 걸터앉아 차를 우린다. 애써 세운 담벼락이 무색하게도 지나가는 이웃들과 자꾸 눈이 마주친다. 에라 모르겠다 싶어, "안녕하세요!" 한껏 높인 하이톤으로 밝게 인사를 건넸다.

"오늘 날씨 참 화창하죠? 어디 다녀오시나 봐요?"

"친구들이랑 산에 갔다 와요. 아휴, 벌써 낮에는 덥네. 집 참 예쁘게 꾸며놓으셨네요. 요즘엔 아파트보다 이런 단독이 훨씬 보기 좋더라고요. 이 과일 좀 드셔보세요."

집 안으로 들인 골목길의 다정한 풍경, 골목길 너비만큼 넓어진 우리 집. 폴딩 도어를 활짝 열어놓은 거실이 집 안팎의 풍경을 경계 없이 허물며 남들 눈엔 분명 기이할 장면을 연출하고 있었다.

단순히 살 집을 만드는 것 이상의 독특한 내러티브가 심어진 또 하나의 나를 만들고 싶었다. 이국적인 정취와 지적인 관념을 화폭에 담아낸 19세기 상징주의 화가 귀스타브 모로처럼, 나도 지난 여행과 수많은 공간 작업에서 체득한 모든 유무형의 예술적 감각들을 이 '집'이라는 공간 안에 집약적으로 녹여내고 싶었다. 그건 공간 구석구석 '나'라는 개인의 파토스를 촘촘히 새겨 넣지 않고서는 해결할 수 없는 과제였다. 그렇기에 그다지 강하지 못한 내게는 지극히 벅찬 정신적인 작업이 된 셈이다.

주방 개수대 옆에 꽃을 꽂은 유리 화기를 둔다.

"요리할 때 저 자리에 있으면 불편하지 않아요?"

펜던트 조명을 작업실 한가운데 길게 늘어뜨린다.

"일하다 보면 이 위치가 좀 불편하지 않아요?"

미술 엽서가 잔뜩 든 서랍장을 열어놓는다.

"서랍이 저 상태로 열려 있으면 지나다니면서 좀 불편하지 않아요?"

불편하지 않냐고? 불편하지 않다. 적어도 나에겐 크게 불편하지 않다. 조금 불편한 상황이 생긴다 해도 그 정도쯤은 참아낼 수 있다. 아름다움은 능동적으로 노력하며 만들어가는 것이니까. 이미 몸에 밴 익숙함일 수도 있겠지만, 생활 속 불편이라는 게 그리 쉽게 용납되는 건 아니잖아.

그러니 남들 눈엔 한없이 불편해 보이는 이 집의 디자인 문법이 실상은 생각보다 거슬리지 않는다고 나는 확신한다. 예쁘고 안 예쁘고, 효율적이고 비효율적이고 하는 객관적인 잣대를 떠나 유미주의적 삶을 추구하는 나의 라이프 스타일과 미적 취향이 고스란히 전해진다는 점에서 나에게만큼은 분명히 좋은 집이다. 이곳에 살고 있는 내가 정말로 원하는 가치가 정직하게 구현되어 있을 뿐이다.

오래된 집의 탐미

끝인 동시에 시작인 것들

중증의 불안장애와 그보다는 경미한 우울증 진단을 받았다. 첫 진료 때는 허락된 20분 내내 서럽게 울음만 토해냈다. 창피하지도 않았다. 아무도 제대로 들어주려 하지 않는, 어찌할 바 모르겠는 이 슬픔을 누군가 성의껏 들어주고 있다는 상황이 고마울 뿐이었다.

갑작스러운 봄날의 방황이었다. 가장 행복할 거라 기대했던 공사의 끝자락에 기본적인 양심도 예의도 없이 찾아든 기습 폭격 같던 우울증, 그리고 그 우울증을 유발한 불안감. 삶이 촘촘히 채워진 줄 알았는데 여전히 피곤하고 고달팠다. 새 집이 완성되었다고 해서 뭐 대단한 일이 벌어진 것도 아니었다. 자조 섞인 한탄에 휩싸여, 그사이 부쩍 나이 들어버린 내 모습만 보였다. 행복했던 과거를 들춰내며 결코 불행하지 않은 현재를 저울에 달았다. 내가 뭔가를 이뤘다고 한들, 가진 것 하나 없이도 맑게 반짝이던 과거의 나보다 더 행복하다고 말할 수 있을까. 아무렇게나 나이만 먹어가는 현실이 겁이 나서 결연히 시작한 내 삶의 리모델링은 기대보다 초라해 황망했다.

한때는 정말 내 나이 듦만 보였다. 연애 세포는 폐사 직전이고, 사방팔방 전시와 팝업스토어를 찾아다니며 늘 새로운 감각을 추구하던 내 활기마저 메마른 지 오래였다. 당장 펑! 하고 터질 만큼 부풀었던 기대감은 여리디여린 자극에도 '피식' 하고 바람이 빠져 결국 아무것도 아닌 망상이 되어버렸다. 바람이 빠져나간 표면에는, 쭈글쭈글 생기 없이 버석거리는 내면만이 무기력하게 자리 잡았다. 나이 든다는 건 참 공평하고 객관적인데, 그 과정은 너무도 주관적이라서 모두가 나이 든다는 성의 없는 말로는 도무지 위로가 되지 않았다. 이것 말고 덧붙일 진실이 더 있을까도 싶지만. 나를 막 지나간 봄날은 그랬다.

이제 와 돌아보면, 그 대책 없던 극단의 감정은 이 모든 여정의 마지막 고비였다. 발단, 전개, 위기를 거쳐 마침내 도달한 우뚝 솟은 정점의 그래프. '이번이 마지막일 거야. 조금만 더 견디면 돼'라며 다독여온 수많은 클라이맥스의 순간은 자잘한 위기에 지나지 않았다. 스스로 건 최면 아래, 심연 깊숙이 암약하던 기만의 속삭임을 나는 듣지 못했던 것일까. 인내라는 학습된 도덕적 가치에 대한 맹목적 믿음이 끝내 내 정신을 파탄 내리라는 사실을 의심조차 하지 않았다. 그럼에도 결말을 향한 극의 흐름이 언제나 그렇듯, 격정적 갈등은 무사히 해결됐고 비로소 내 삶 시즌 1의 진정한 대단원을 맞이했다. 물론 거저 얻은 결말은 아니다. 자존심이 쉬이 허락하지 않았지만 내가 서투르다는 것을 인정해야 했고 몇 달 동안 매일 밤 정신과 약도 빠짐없이 복용했다. 우울증과 불안증에 무력하게 시달리는 나, 딱히 이룬 것 없이 나이 들어가는 나, 여전히 인정 욕구에 목마른 나……. 자기 연민이 아닌 있는 그대로의 나를 가감 없이 수용할 시간이 필요했다. 산책, 기도, 독서, 미술사 공부, 글쓰기, 멍 때리기, 어쩌다 명상. 이 과정이야말로 못난 내 모습마저 직면할 용기를 묵묵히 심어주었다. 그리고 이 모든 주체적 행위의 장소는 내가 평온히 머무를 '나의 집'과 '우리 동네'였다. 끝내 내가 해체하고 다시 세운 공간이 또 한 번 나를 일으켜 세운다. 분명하게 알아차릴 수 있었다. 내게 필요했던 것만큼 정확히 시간이 흘렀다는 것을. 모든 걸 삼켜버린다는 크로노스가 결국 내 우울마저 삼켜버렸다는 것을. 탐욕스러운 미식가인 세월이 이번만큼은 무척이나 다행이었다.

그제야 하나를 이루려면 지극한 정성과 헌신적인 노력이 필요한 법이라는 진리를 알아차린다. 나는 헌신까지는 하지 않으려 했다. 귀중한 것을 가지고 싶어 하면서 '왜 이렇게까지 내 삶은 항상 견뎌내야 하는 쪽인 걸까?'라며 언제나 불평을 앞세웠다. 어쩌면 내가 얻으려던 게 내 말만큼 그렇게 귀중하다고 생각하진 않았는지 모른다. 그러니 딱 그 정도만, 스스로 계산한 가치만큼만 노력과 희생을 내어주려 한 것도 같다.

쇼펜하우어는 물었다. "당신의 인생이 왜 힘들지 않아야 한다고 생각하십니까?" 그러게. 왜 힘들지 않은 게 당연하다고 생각했을까. 그걸 왜 권리처럼 당당히 요구했을까. 목표의 무게와 상관없이, 큰 행운이나 천재성을 타고나지 않은 나처럼 평범한 사람에게 이 정도의 장렬한 노력쯤은 필요했다. 그러지

않으면 결코 원하는 것을 손에 넣을 수 없다는 현실을 마지막
에 와서야 마침내 깨달았다.

동그란 광배처럼 7월의 빛이 눈부시게 쏟아져 내린다. 한
줄기 선향이 피어오르는 흔적을 바라보는 일. 생화를 들이고
서서히 바래가는 색감을 관찰하는 일. 옅은 바람결에 미세하게
흔들리는 샹들리에의 깨질 듯 연약한 부딪힘을 듣는 일. 내가
살아 있기에 느낄 수 있는 이 공간의 오브제들이 만들어낸 생
의 감각 속으로 시간이 지나가고 있었다. 남겨진 잔향과 잃어
버린 생장의 물기, 귓가를 울리는 미세한 여운까지, 아주 작은
변화와 움직임마저 시간이 존재함을 증명해준다. 이미 지나간
시간, 그 불가역적인 시간과 함께 스러져 간 어제의 세상을 은
유한다. 상상의 이차원 평면도가 실재하는 삼차원 공간이 되고
또 시간의 흐름마저 내재된 사차원 집으로 승화되었다.

"오늘은 이 집의 상징 같은 짙은 청록색 양개 도어를 활짝
열어놓을 거야. 바람도 햇살도, 그리고 타인의 발길조차 따스
하게 넘나들 수 있도록. 다시 봄이 오면 마당에 화분을 더 들여
놓고 작은 티 테이블도 두어야지. 그러려면 어닝도 달아야겠
네. 이런! 벌써 담장 페인트가 떨어져나가기 시작하잖아. 이번
에는 꼭 보드라운 아이보리빛으로 칠해야겠어."

이 집이 하나의 설치미술 작품으로 리모델링되길 원한 것
처럼 내 삶 또한 예술적으로 리모델링될 수 있다는 가능성을
감히 꿈꿨다. 하지만 기본 골조만 남기고 완전히 환골탈태를
했어도 박공지붕과 베란다 난간 등 1970년대 불란서 주택의
시대적 외관은 여전히 남아 있다. 세월 품은 낡은 오브제에 새
로운 생명과 의미를 불어넣는다 해도 현대적인 미감을 얻지는

오래된 집의 탐미

못한다. 나와 같다. 아주 정확히 나와 같다는 생각이 들었다. 오래된 집, 오래된 물건, 오래된 삶. 우리의 본질만은 바뀌지 않는다. 그렇지만 그 축적된 시간과 경험의 콜라주에는 아무도, 그무엇도 흉내 낼 수 없는 독특한 고유함이 존재한다. 여기에 빈티지가 품은 진정한 가치가 있다. 피상적인 외피로는 결코 담아내지 못하는 처연한 아름다움, 오래되어 보이는 모든 것들의 경이로운 비밀이다.

도발적인 아름다움만큼이나 위험한 눈빛을 지닌 한 여인이 화면 밖 누군가를 향해 술잔을 건넨다. 동그랗게 치켜뜬 시선 끝에는 기대에 찬 탐욕스러운 욕망이 꿈틀거린다. 사자 문양이 정교하게 새겨진 금빛 술잔과 설화석고 같은 피부 위를 감싼 푸른색 원피스, 살짝 벌어진 선홍빛 입술과 곱슬거리는 붉은 머리카락. 삼원색의 조화가 검은색의 단순한 배경 위로 선명하게 도드라지며 신비롭고 불길한 분위기를 더욱 고조한다.

프란츠 폰 슈투크는 이 작품에서 단순히 그리스 신화《오디세이아》에 등장하는 마녀 키르케를 소재로 삼지 않았다. 그림 속 팜므파탈로 분한 모델은 오스트리아의 유명한 배우 틸라 뒤리외로, 1912년 뮌헨의 한 극장에서 그녀가 연기한 키르케를 화폭에 생생히 담아낸 것이다. 이로 인해 화면에서 느껴지는 연극적인 배경과 극적인 동세가 한층 더 설득력 있게 다가온다. 네가 건네는 것은 와인이니? 독약이니?

키르케가 주는 것이니 분명 온갖 해괴망측한 약초를 넣어 끓인 독일 텐데, 장난치듯 친근하게 건네는 저 잔을 거부하기는 힘든 기분이다. 그녀의 짓궂은 표정 속에 감춰진 사악함을 알면서도 반드시 직접 확인하고 싶은 미혹의 마음은, 저걸 마

프란츠 폰 슈투크Franz von Stuck,
〈키르케로 분장한 틸라 뒤리외Tilla Durieux als Circe〉
1913년, 캔버스에 오일, 60×68cm, 베를린 알테 나치오날갤러리 소장

시고 돼지로 변신해봐야만 사그라질 것 같다.

화가의 이름도 작품명도 적혀 있지 않은 한 장의 생경한 이 미지. 이 도판을 처음 본 순간, 시선을 뗄 수가 없었다. 심지어 키르케도 잘 알지 못했으니 그림을 해석할 만한 어떤 단서도 가지지 못한 셈이었다. '뭔가를 건네는 빨간 머리 여자 그림'이 라는 대충 뭉뚱그려진 키워드로 시작해서 드디어 이 기이한 끌 림의 정체를 밝혀냈을 때, 나는 결정했다. 저 작품 속 키르케가 건네는 독배를 직접 받아 마시기로. 그리고 긴 여행을 떠났다. 그 길은 지금껏 익숙했던 내 여행 방식을 완전히 뒤엎고 이제 껏 몰랐던 다른 형과 색을 지닌 행복이 존재한다는 경이를 알 려주었다. 키르케의 마법에 걸린 그 순간부터 지금까지 '처음' 은 곧 내 삶의 가장 중요한 '뉴노멀New Normal'이 되어 '새로운 세상 속의 새로운 나'를 형성해왔다는 생각이 든다. 그래서인 지 이 그림만 보면 여전히 설레어온다.

"어쩌면 나란 사람을 고쳐나가듯 어떤 오래된 공간을 리모 델링하고 싶었는지도 모르죠."

자꾸만 손볼 곳이 생겨나는 이 오래된 단독주택의 리모델 링 공사처럼, 삶이라는 건 결코 단번에 전복되지 않는다. 한 단 계 한 단계 낯선 이국의 땅을 여행하듯 평생을 두고 스스로를 알아가며 원하는 모습으로 고쳐나가면 되는 것이다. 지금은 그 저 내 삶의 새로운 방향성을 찾았다는 것만으로도 충분히 값지 고 더없이 아름답다.

나는 이제 모든 부담감을 내려놓기로 한다. 내가 꿈꿨던 모 든 것과 지금 다시 꿈꾸기 시작한 온갖 것이 이루어지지 않는 다 해도 충분히 행복할 수 있다는 믿음이 생겼기 때문이다. 다른 형태의 삶은 얼마든지 있다. 그 예기치 못한 삶이 어떤 환희를 가져다줄지 그 누가 알 수 있을까. 아마 신조차 모르겠지. 행운이 찾아와 단번에 이루어지면 좋고, 이루어지지 않는다면 다시 시도해보면 된다. 그리고 이루어졌다 해서 반드시 행복하리라는 보장은 신기루 같은 환상일 뿐. 그러니 역설적으로, 현재에 안주하지 않고 또 다른 세상과 인생을 탐험하기 위해 주체적으로 길을 나선다.

앞으로도 나를 잡아끄는 것이 있다면 그게 무엇이든 외면하지 않고 과감히 좇고 싶다. 두려움에 얽매여 움츠리며 살고 싶지는 않다. 위험을 감수하고서라도 더 넓은 세상을 알아가고 싶다. 삶, 그건 무한한 자유의 기록이다. 나는 지금 살랑살랑 바람이 부는 그 자유의 한가운데 서 있다. 미련도 없고 후회도 없다. 지난 시간에 대한 일말의 미련도 후회도 없을 때, 비로소 과거는 과거로서 평온하게 남겨질 수 있다. 그러고 보니 내가 나를 희생해서라도 뭔가를 더하려는 과잉된 욕심을 끊고 "자! 여기까지 하자"라고 담담하게 돌아설 수준은 되지 않았을까. 이 정도면 나의 이 집처럼 환골탈태까지는 아니더라도, 내 삶도 조금은 리모델링된 셈인가? 희극과 비극이 공존하던 야누스 같은 시절이었다. 그 시절은 이제 막 내 삶을 지나갔다. 그리고 마침내 도달한 지점에서 또 다른 출발을 하려 한다. 그토록 원하고 궁금해하는 예술적 삶의 다음 단계를 위해 나를 다시 시험해보고 싶어졌다. 이렇게 끝인 동시에 시작을 알리는 야누스의 새로운 문 앞에 다시 선다.

자, 다시 한 번 시작해볼까? 무릇 시작에는 신비한 힘이 깃들어 있으니까. 집도 삶도 여! 전! 히! 리모델링하고 있습니다.

이그조띠끄
리모델링 기록

이국적인 빈티지와 예술을 사랑하는 공간 디렉터의
한 폭의 설치미술 같은 단독주택 아틀리에

서울 아차산 자락, 대지 33평의 1979년식 작고 오래된 단독주택을 매입했다.
오롯이 내가 좋아하는 것들로 채워진 사적이면서도 공적인 공간을 만들어가고 싶었다.
이 작고 오래된 단독주택을 고치며 내 삶도 리모델링해보겠다는 굳은 결심과
낯설고 새로운 여정에 대한 설렘과 호기심이 나를 채웠다.

처음의 막연한 기대와 달리 리모델링 과정은 내 예상보다 훨씬 더뎠고,
턱없이 부족한 예산이 공사 기간 내내 발목을 잡았다.
마치 호기로운 내 욕망을 비웃기라도 하듯
현실이 자꾸만 내게 고약한 농담을 던지는 것 같았다.

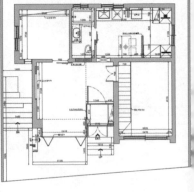

엄두도 못 낼 지붕은 둘째 치고 전기, 배관 설비, 단열, 창호, 바닥 보일러,
벽마감까지 모조리 철거하고 새로 재배치해야 하는 상황이었다.
그러나 돌이켜보건대 예상치 못한 길고 지난한 리모델링 과정은
나를 더 잘 알아가는 심리적 치유의 시간이자 방황 많던 나 스스로와 화해하는 시간이었다.

집이 변해가는 동안 내 삶은 전혀 리모델링되지 않았다는 헛헛함.
나란 사람은 크게 달라지지 않은 듯했다.
하지만 이것이 결코 끝이 아니라는 사실에 나는 다시 용기를 낸다.
오히려 나에게 꼭 맞는, 나다운 삶의 새로운 방향성을 찾았다는 사실만으로도
충분히 값지고 아름다운 기록이라고 위안하고 싶다.

공사 기간 매일같이 리모델링 현장을 찾았다.
시공사가 단열, 창호, 설비, 배관, 전기 등 기본적인 공정을 진행했지만
타일과 조명 기구, 콘센트와 손잡이까지 많은 자재를 직접 수급해야 했기에
매 공정을 꼼꼼히 점검하지 않을 수 없었다.

타일 하나, 페인트 컬러 하나, 문짝 하나를 선택하면서도
잊고 살던 나, 내가 모르던 나를 만나고 10년 후의 나를 만나기도 했다.
집 리모델링은 그렇게 다시 만난 나를 모자이크처럼 조각조각 해체하고 재조립하는 과정이었다.
자기만의 집을 만든다는 건 그래서 더 근사하고 애틋한지도.

자꾸만 손볼 곳이 생겨나는 오래된 단독주택 리모델링 공사처럼 삶은 결코
한 번에 전복되지 않았다. 그저 한 걸음 한 걸음 낯선 이국의 땅을 여행하듯 평생을 두고
스스로를 알아가며 내가 원하는 모습으로 바꾸어나가는 과정임을 깨달았다.

'나'라는 사람의 라이프스타일과 내가 좋아하는 예술적 취향을 한데 모아
나와 꼭 닮은 공간을 만들어가는 여정은 지금도 이어지는 중이다.

공간에 어울리는 향을 사르고 음악을 틀고 책을 펼치며 차 한잔의 여유를 즐기는
예술적 영감과 철학적 공감의 삶이 이곳에서 펼쳐지기를 기대한다.

낯선 이국의 나라를 여행하듯 매일의 설렘과 함께하는
이그조띠끄